Excel®

ビジネススキル検定
公式テキスト

Excel® Business Skills Qualification Test

サーティファイ ソフトウェア活用能力認定委員会 監修

日本能率協会マネジメントセンター

本書の内容に関するお問い合わせについて

　平素は日本能率協会マネジメントセンターの書籍をご利用いただき、ありがとうございます。

　弊社では、皆様からのお問い合わせへ適切に対応させていただくため、以下①〜④のようにご案内いたしております。

---

①お問い合わせ前のご案内について

　現在刊行している書籍において、すでに判明している追加・訂正情報を、弊社の下記 Web サイトでご案内しておりますのでご確認ください。

https://www.jmam.co.jp/pub/additional/

②ご質問いただく方法について

　①をご覧いただきましても解決しなかった場合には、お手数ですが弊社 Web サイトの「お問い合わせフォーム」をご利用ください。ご利用の際はメールアドレスが必要となります。

https://www.jmam.co.jp/inquiry/form.php

　なお、インターネットをご利用ではない場合は、郵便にて下記の宛先までお問い合わせください。電話、FAX でのご質問はお受けいたしておりません。
〈住所〉　〒103-6009　東京都中央区日本橋 2-7-1　東京日本橋タワー 9F
〈宛先〉　㈱日本能率協会マネジメントセンター　ラーニングパブリッシング本部　出版部

③回答について

　回答は、ご質問いただいた方法によってご返事申し上げます。ご質問の内容によっては弊社での検証や、さらに外部へ問い合わせることがございますので、その場合にはお時間をいただきます。

④ご質問の内容について

　おそれいりますが、本書の内容に無関係あるいは内容を超えた事柄、お尋ねの際に記述箇所を特定されないもの、読者固有の環境に起因する問題などのご質問にはお答えできません。資格・検定そのものや試験制度等に関する情報は、各運営団体へお問い合わせください。

　また、著者・出版社のいずれも、本書のご利用に対して何らかの保証をするものではなく、本書をお使いの結果について責任を負いかねます。予めご了承ください。

はじめに

　Excel®は、ビジネスの世界において不可欠なツールとなっています。単にデータの集計だけでなく、可視化や分析を行い、報告書の作成や予算の管理など、多岐にわたる業務を支援する力強いアシスタントとして活用されています。

　そのため、Excel®の機能を知っているだけではなく、「限られた時間の中で何をすれば答えを導き出せるか」考える力も必要となっています。

　サーティファイ ソフトウェア活用能力認定委員会主催「Excel®ビジネススキル検定」は、ビジネスの場を想定した課題に対してより「速く、正確に」解決できる能力を評価する、課題解決型の出題形式を採用した検定です。

　解答方法に特定の制約はなく、「正確性」と「効率性」の両面から評価を行います。

　結果を時間内に導き出すため各自が情報を適切に整理し、効果的なアプローチを見つける柔軟な思考力が必要となるため、基本的なExcel®操作を身につけている方にこそ、次のステップとしておすすめできる検定です。

　本書では、具体的な課題を通じて、効率的な結果の導出に役立つさまざまな手法を学びます。テーマごとに関連する機能とその使用方法を学んだ後、課題に取り組むことで手法を復習します。テーマごとに学習した後は、模擬問題を通じて習得度を確認できるような内容になっています。

　本書をご活用いただき、「Excel®ビジネススキル検定」に合格されることを心よりお祈り申し上げます。

2023年10月

サーティファイ ソフトウェア活用能力認定委員会

8ページの「本書の使い方」を参考に、学習用素材のダウンロードを行ってください。
・演習素材ダウンロード
　URL：https://www.jmam.co.jp/pub/9148_enshu.html
・課題素材ダウンロード
　URL：https://www.jmam.co.jp/pub/9148_kadai.html

第1章 Excelビジネススキル検定の特徴を知ろう

第2章 集計・編集・修正問題

第3章 グラフ問題

第**6**章 時短のための機能

第**7**章 Excelビジネススキル検定摸擬問題を解答してみよう

本書の使い方

　本書は、Excel ビジネススキル検定の公式テキストです。収録している「課題」は、スタンダードの80%、エキスパートの70%を満たす内容となっています。

　テキスト解説および演習形式で、「課題」に対する解説を行います。演習素材（Excel）を併用することにより、複雑な Excel 操作を理解しやすく、かつ、都度習得しやすいようにしています。

　解説部分では、Excelの実践スキル、集計・分析テクニック、ビジネスでよく使う関数、時短技などを、操作難易度を★印で示して掲載しています。

★：基本操作　★★：スタンダードレベルの操作　★★★：エキスパートレベルの操作

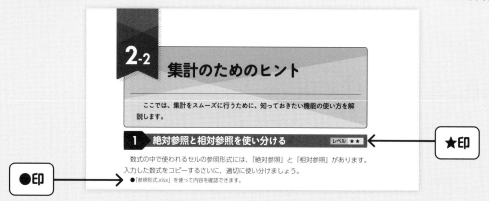

　演習素材があるものは、●印でファイル名を示しています。下記のURLからダウンロードを行ってください。

URL：https://www.jmam.co.jp/pub/9148_enshu.html

　「課題」の問題（資料）・解答作成・解答記入のためのファイルは、下記のURLからダウンロードを行ってください。

URL：https://www.jmam.co.jp/pub/9148_kadai.html

　応用テクニックがある場合は、※印の注記や、コラム（memo）で併せて紹介しています。また、「課題」に対する操作解説は、1つの方法だけではなく、別解として複数の方法を紹介しています。

第 **1** 章

Excelビジネススキル検定の特徴を知ろう

1-1 Excelビジネススキル検定の特徴と試験概要

Excelビジネススキル検定は、課題解決型の検定です。ここでは、試験の特徴と概要を紹介します。

1 Excelビジネススキル検定の特徴

Excelビジネススキル検定には、次の3つの特徴があります。

【特徴1】「効率性」を評価する、独自の検定

ビジネスの場では、より速く正確なアウトプットが求められます。

Excelビジネススキル検定は、速く正確に解けるほど点数が加算される独自の評価軸を採用しています（詳細は、**図表1-1-2**「得点算出方法」参照）。効率的なExcelスキルの証明として、ご活用いただけます。

【特徴2】解答の自由度が高く、実践的

解答方法は不問です。求められる結果を時間内に導き出す方法を各自で考え、解答します。Excelの操作を活用した応用力が求められるため、基本的なExcel操作を身につけている方にこそ、次のステップとしておすすめできる検定です。

【特徴3】学習過程で「考える力」も身につく

当検定は、ビジネスの場を想定した課題に対して解決する手段を考える、課題解決型の出題形式です。Excelの操作方法を知っているだけでは解答を導き出すことが難しいため、学習や受験の過程において、課題解決に向けた「思考力」が身につきます。

図表1-1-1 Excelビジネススキル検定の試験概要

主催・認定	ソフトウェア活用能力認定委員会 (Certify Software Literacy Qualification Test Committee)
試験名	Excel®ビジネススキル検定 (Excel®Business Skills Qualification Test)
試験目的	ビジネス実務におけるMicrosoft Excel®の活用技能および効率的に表計算処理を行う手法を考え、実行する能力を認定します。
認定基準	■エキスパート Microsoft Excel®を用いて、ビジネスシーンにおける複雑な業務や問題を短時間で表計算処理することができる。ビジネス図表、ビジネス帳票、データベースに関する高度な技能を駆使して効率的に業務処理を行い、問題を解決する実践的な技術を有している。

認定基準	■スタンダード Microsoft Excel®を用いて、ビジネスシーンにおける業務や問題を短時間で表計算処理することができる。同時に、ビジネス図表、ビジネス帳票、データベースに関する基礎的な技能を活用する技術を有している。
受験資格	学歴、年齢等に制限はありません。
試験時間	エキスパート級：60分 スタンダード級：40分
出題数	全級：大問3題 大問ごとに1〜5程度の設問を出題
得点算出方法	大問ごとに、「正確性」「効率性」の2つの得点を合計します。（大問1題：120点） 1.　正確性 各設問に対する解答の正誤による得点（100点） 2.　効率性 「正確性」に「解答時間に対する時間係数」を掛けて求められる得点（20点） ※問題ごとに切り捨てで算出 **図表1-1-2** 得点算出方法
合格基準	全級：全問の合計得点において210点以上（360点満点）
実施環境	推奨OS：Windows11、10、8.1　※Mac OSは非対応
対応バージョン	Microsoft Excel®2016、2019、2021、Office365
受験料	エキスパート　7,500円（税込） スタンダード　6,500円（税込）
試験結果	・解答データの送付後、約2週間（※）でCERTIFY ONLINEにて合否結果をお知らせいたします。 （※）時期によっては結果通知までの期間が前後します。ご了承ください。 ・試験会場にて受験者に「通知許可」を行うことで、受験者が結果確認できるようになります。 ・受験者全員に「試験結果のおしらせ」を、合格者には「デジタルバッジ」と「デジタル認定証明書」を発行いたします。

図表1-1-2 得点算出方法

解答時間	時間係数	効率性の得点	例）正確性「80点」の場合	
			効率性の得点	合計点
制限時間の 1%〜75%以内	0.2	正確性の得点 ×0.2	80点×時間係数 0.2＝16点	80点＋16点 ＝96点
制限時間の 76%〜90%以内	0.1	正確性の得点 ×0.1	80点×時間係数 0.1＝8点	80点＋8点 ＝88点
制限時間の 91%〜100%以内	0	0	80点×時間係数0 ＝0点	80点＋0点 ＝80点

※情報は、2023年9月末現在の内容です。最新の情報はExcelビジネススキル検定ホームページ（https://www.sikaku.gr.jp/be/）等でご確認ください。

1-2 Excelビジネススキル検定の出題内容とスキル基準

Excelビジネススキル検定は、2つの級に分かれています、ここでは、各級の出題内容とスキル基準を紹介します。

1 Excelビジネススキル検定の出題内容

Excelビジネススキル検定の各級の出題内容は、次のとおりです。

(1) スタンダード

ビジネスシーンで想定される事象を取り上げた問題文を読み解き、提示されたファイルを使用して短時間で効率的に表計算処理を行い、結果を求めることができる。

- Excelの基本操作の理解があり、適切な機能を選択できる。
- 短時間で効率的にデータの集計ができる。
- 四則演算、簡単な関数の知識があり、これらを活用してデータの集計ができる。
- ビジネス図表の知識を有し、提示されたデータから適切なグラフを作成することができる。
- 印刷設定の機能の知識があり、提示されたデータを帳票として適切な形に変更し、印刷する設定を行うことができる。

(2) エキスパート

ビジネスシーンで想定される事象を取り上げた問題文を読み解き、提示されたファイルを使用して短時間で効率的に表計算処理を行い、問題を解決することができる。

- Excelのさまざまな機能への高い理解があり、問題解決のために、適切な機能を選択できる。
- 短時間で効率的に操作ができる。
- 数式に関する知識があり、自在に活用してデータの集計ができる。
- 集計した結果から、状況を読み解き、分析ができる。
- データの誤りを見つけ出し、修正することができる。

2 Excelビジネススキル検定のスキル基準

Excelビジネススキル検定の各級のスキル基準は、**図表1-2-1**のとおりです。

図表1-2-1 Excelビジネススキル検定の級別スキル標準

※下表は、各級で必要となる操作スキルおよび機能の一覧であり、特定の機能の使用を限定するものではありません。

	スキル	項目	内容	スタンダード	エキスパート
作業環境					
	基礎知識Excelの画面要素				
			ワークシート、セル、スクロールバー、ステータスバー、クイックアクセスツールバー、リボン、タブ、ダイアログボックス起動ツール、数式バー、名前ボックス、ショートカットメニュー、作業ウィンドウ、クリップボード	○	○
	ブックの表示とウィンドウの操作				
		ブックの表示	標準/改ページプレビュー/ページレイアウト	○	○
		表示/非表示	ルーラー、数式バー、枠線、見出し	○	○
		ズーム		○	○
		ウィンドウ	ウィンドウ枠の固定、新しいウィンドウを開く、整列、分割、表示しない/再表示、ウィンドウの切り替え、並べて比較	○	○
	Excelのオプション		全般、数式、詳細設定		○
基本操作					
	選択と解除		セル、セル範囲、列、行、ワークシートの選択と解除	○	○
	キー操作		Enter、Tab、Delete、BackSpace、Ctrl、Alt、Shift、ショートカットキー	○	○
	セルの書式設定		フォント、配置、表示形式、罫線、塗りつぶし	○	○
	レイアウト				
		セル	挿入、削除	○	○
		行	高さ、自動調整、挿入、削除、非表示、再表示	○	○
		列	幅、自動調整、挿入、削除、非表示、再表示、既定の幅	○	○
		ワークシート	シート名、シート名の変更、シートの挿入・移動・コピー・削除、シート見出しの色	○	○
			非表示、再表示、シートのグループ化		○
	条件付き書式			○	○

	スキル	項目	内容	スタンダード	エキスパート
基本操作	データ編集とオートフィル				
		セルに入力できるデータ	文字列、数値、数式、日付・時刻、数字を文字列として入力する	○	○
		数式バー	数式バーでの入力/表示	○	○
		コピーと移動	セル、行、列、シート、オブジェクト、貼り付けのオプション、形式を選択して貼り付け、書式のコピー、貼り付け	○	○
		クリア、フィル、オートコンプリート		○	○
		検索と置換（疑問符（?）とアスタリスク（*）の使用を含む）			○
		ジャンプ			○
		元に戻す、やり直し、繰り返し		○	○
数式と計算					
	計算機能				
		四則計算、オートSUM、相対参照と絶対参照		○	○
		名前による参照	名前の定義、数式で使用、選択範囲から作成		○
		3-D参照、外部参照			○
		計算結果と表示、エラー値		○	○
		計算方法	再計算実行、シート再計算、計算方法		○
	関数…問題を解答する上で必要となる基礎的なものを抜粋				
		数学/三角	SUM、ROUND、ROUNDUP、ROUNDDOWN、SUMIF	○	○
			ABS、INT、TRUNC、MOD、SUMIFS		○
		統計	AVERAGE、COUNT、COUNTA、MAX、MIN、RANK、RANK.AVG、RANK.EQ、COUNTIF	○	○
			LARGE、SMALL、AVERAGEIF、AVERAGEIFS、COUNTIFS		○
		論理	IF	○	○
			AND、OR、NOT、TRUE、FALSE		○
			IFERROR		○
		日付/時刻	DATE、TODAY、NOW、WEEKDAY		○
		文字列操作	MID、TEXT、REPT、LEFT、RIGHT、LEN、SEARCH		○
		情報	ISBLANK、PHONETIC		○

	スキル	項目	内容	スタンダード	エキスパート
数式と計算					
	関数…問題を解答する上で必要となる基礎的なものを抜粋				
		データベース	DAVERAGE、DCOUNT、DCOUNTA、DMAX、DMIN、DSUM		○
		検索/行列	INDEX、CHOOSE、VLOOKUP、HLOOKUP		○
グラフ					
	グラフ作成、変更				
		グラフの種類	縦棒、折れ線、円、横棒、面、レーダー	○	○
		データの選択	行/列の切り替え、データの選択、データソースの編集、削除、データ系列の追加	○	○
		グラフのレイアウト、グラフスタイル、[グラフ要素]ボタン、[グラフスタイル]ボタン、[グラフフィルター]ボタン		○	○
		グラフ要素の書式、3-Dグラフの書式、グラフの移動		○	○
		データの分析	近似曲線、散布図、組み合わせ、ヒストグラム、降下線、高低線、ローソク、誤差範囲		○
オブジェクト					
	作成、書式、選択			○	○
データベース機能					
	テーブルと範囲				
		テーブルから書式設定/範囲からテーブルを作成/テーブルを範囲に変換		○	○
		テーブルスタイル、テーブルスタイルのオプション		○	○
	並べ替えとフィルター				
		並べ替え		○	○
		フィルター	列見出しの矢印を使用した抽出	○	○
		詳細設定	[フィルターオプションの設定]ダイアログボックスを使用した抽出		○
	入力規則				○
	統合				○
	アウトラインと小計				○
	ピボットテーブルとピボットグラフ				○

	スキル	項目	内容	スタンダード	エキスパート
入出力					
	ページレイアウト				
		ページ設定	余白、印刷の向き、サイズ、印刷範囲、改ページ、背景、印刷タイトル	○	○
			拡大縮小印刷、ヘッダーとフッター、シートのオプション（枠線、見出し）	○	○
	印刷	印刷	印刷設定、印刷プレビュー	○	○
	新規作成/開く/保存				
		新規作成、開く、上書き保存、閉じる		○	○
		名前を付けて保存	Excelブック（*.xlsx）	○	○
			Excelマクロ有効ブック（*.xlsm）、その他のファイル形式（*.pdf、*.txt、*.csv、*.htm、*.html）等		○
予測					
	What-If分析				
		ゴールシーク、データテーブル			○
	予測シート、ワークシート分析、クイック分析ツール				○
共有と保護					
	ワークシート・ブックの保護				
		セルの保護、シートの保護、ブックの保護			○
	ブックの共有				○
	コメント				○

1-3 Excelビジネススキル検定の試験時間と問題構成

Excelビジネススキル検定は、2つの級に分かれています。ここでは、各級の問題構成を紹介します。

1 Excelビジネススキル検定の試験時間と問題構成の概要

Excelビジネススキル検定の各級の試験時間は、**図表1-3-1**のとおりです。

| 図表1-3-1 | Excelビジネススキル検定の級別試験時間 |

- スタンダード（試験時間：40分）
  問題1：集計 ･･････････････････････････････ （20分）
  問題2：グラフの作成 ･･････････････････････ （10分）
  問題3：印刷設定 ･･････････････････････････ （10分）

- エキスパート（試験時間：60分）
  問題1：集計・編集・修正 ･･････････････････ （20分）
  問題2：図表の活用・分析（グラフを含む）･･･ （20分）
  問題3：データ分析 ････････････････････････ （20分）

各級ともに大問3題で構成され、大問ごとに1〜5程度の設問が出題されます。

第 2 章

集計・編集・修正問題

2-1 集計のための データの整理方法

表の内容やレイアウトを整えて、集計に取り掛かれる状態にすることを「データ整理」といいます。ここでは、最も基本となるデータベース形式の表のデータ整理について解説します。

1 データベース形式の表の構造を知る

レベル ★

Excelで集計作業を行う表の多くは、「データベース」と呼ばれる形式で作成します。並べ替え、フィルター、ピボットテーブルなど集計機能の多くは、データベース形式の表で利用することが前提です。

データベース形式の表は、**図表2-1-1**のような構造になります。

図表2-1-1 データベースの構造

	A	B	C	D	E	F	G
1			年間販売状況				
2							
3	社員番号	氏名	所属	販売台数	売上金額（万円）		
4	T3377	高岡 泰明	第1営業部	50	47,870		
5	T2169	笹本 晴夫	第1営業部	56	47,670		
6	T1993	板谷 航平	第1営業部	96	45,570		
7	T5126	内野 節子	第1営業部	71	45,570		
8	T0733	尾崎 憲吾	第1営業部	98	45,300		
9	T2786	松沢 和夫	第1営業部	70	44,890		
10	T5142	尾野 五郎	第1営業部	92	43,390		
11	T4201	柳原 忠彦	第1営業部	49	43,170		
12	T1727	北原 明宏	第1営業部	44	43,090		
13	T5026	松田 佳子	第1営業部	65	42,830		
14	T2588	菊池 真也	第1営業部	54	42,540		
15	T0608	阿部 美鈴	第1営業部	59	39,970		
16	T4140	加藤 千枝	第1営業部	50	39,520		
17	T2397	岩本 拓馬	第1営業部	43	38,630		
18	T0970	塚田 津美	第1営業部	51	37,930		
19	T4760	吉野 浩太	第1営業部	68	37,800		
20	T0914	久保 文男	第1営業部	74	37,300		
21	T2349	村山 里香	第1営業部	35	37,030		
22	T2286	児玉 邦彦	第1営業部	38	36,470		
23	T3314	黒川 智恵	第1営業部	40	36,350		
24	T2378	大沢 晴人	第1営業部	41	36,290		
25	T3656	佐々 康江	第1営業部	51	36,250		
26	T0703	秋田 真紀	第1営業部	70	35,970		
27							
28							

❶フィールド名

❷フィールド

❸レコード

❶フィールド名：フィールド（列）の先頭行に入力された見出しです。「売上金額」などフィールドの内容がわかる簡潔な見出しを入力します。

❷フィールド：1つのフィールドには、1つの項目の内容だけを入力します。この例では、「販売台数」のフィールドには社員ごとの販売台数を入力します。

❸レコード：レコード（行）には、関連のある1件のデータを入力します。この例では、社員ごとの販売データが1行に入力されています。

2　ルールに沿ってレイアウトする　　レベル ★

データベース形式の表では、レイアウトについて次のようなルールがあります。

①1行=1件のデータにする

1件のレコードは1行にまとめて入力します。複数行に分けて入力することはできません。

②フィールド名を入力する

フィールド名が空欄のままになっていると、一部の機能でエラーが表示されます。フィールドの先頭セルには、必ずフィールド名を入力しましょう。

③セル結合を使わない

データベースの表ではセル結合は使えません。結合されたセルがある場合は、セル結合を解除しておきます。

④データベースの周囲を空の行・列で囲む

データベースの表に隣接するセル（**図表2-1-1**ではF列・2行目・27行目）を空欄にしておくと、データベース内の任意のセルをクリックするだけで、データベース全体の範囲が自動認識され、範囲選択の操作が不要になります。

データベースの表に隣接するセルには何も入力しないよう注意しましょう。

3　データの表現を整える　　レベル ★★★

商品名など文字列のフィールドに入力するデータは、1文字でも異なると別のデータとみなされるため、並べ替え、抽出、集計などの操作が正しく行われなくなります。同じ内容のデータは、細かい表現まで完全に統一しましょう。

特に、次のような表現のバラツキがある場合は、置換機能（第2章第2節8参照）などで統一しておきましょう。

①英数字・カナ文字の全角と半角

（例）「株式会社ＡＢＣ」と「株式会社ABC」
　　　「ウーロン茶」と「ｳｰﾛﾝ茶」

②音引き・記号の有無、略語の使用など

（例）「コンピューター」と「コンピュータ」
　　　「カフェ・オーレ」と「カフェオーレ」
　　　「株式会社」と「（株)」

2-2 集計のためのヒント

ここでは、集計をスムーズに行うために、知っておきたい機能の使い方を解説します。

1 絶対参照と相対参照を使い分ける

数式の中で使われるセルの参照形式には、「絶対参照」と「相対参照」があります。入力した数式をコピーするさいに、適切に使い分けましょう。

●「参照形式.xlsx」を使って内容を確認できます。

（1）相対参照　　レベル ★★

数式が入力されたセルをコピーしたときに、数式内で参照されているセル番地も同じ方向に移動するしくみのことです。数式入力時の初期設定です。

たとえば、**図表2-2-1**でセルD3に数式を入力するさい、セル番地を相対参照のままにしておけば、数式をコピーしたときに、コピー先のセルでも数式の参照先が更新されるので、結果が正しく求められます。

図表2-2-1　相対参照のしくみ

	A	B	C	D	
1					
2	課	売上実績	売上目標	達成率	
3	営業1課	850,000	900,000	94%	=B3/C3
4	営業2課	1,030,000	980,000	105%	=B4/C4
5	営業3課	760,000	850,000	89%	=B5/C5
6					

（2）絶対参照　　レベル ★★

数式が入力されたセルをコピーしても、数式内で参照されているセル番地は移動しないしくみのことです。複数の数式から、同一のセルやセル範囲を参照させたい場合に設定します。絶対参照のセル番地は、行番号と列番号の前に「$」を付けて表示します。

たとえば、**図表2-2-2**でセルC3に数式を入力するさいセルC1を絶対参照にすれば、

数式をコピーしたときに、セルC1は移動しないため、結果が正しく求められます。

図表2-2-2 絶対参照のしくみ

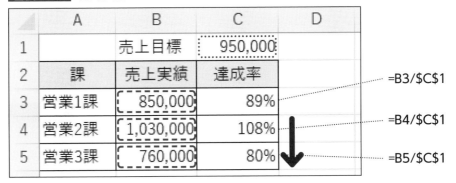

=B3/$C$1
=B4/$C$1
=B5/$C$1

(3) 参照形式を変更する方法　　　レベル ★

　絶対参照で使用する「$」は、数式内で対象となるセル番地を選択してF4キーを押せば、自動で追加されます。なお、F4キーを1回押すたびに、セル番地の表示は**図表2-2-3**のように循環します。

図表2-2-3 参照形式の切り替え

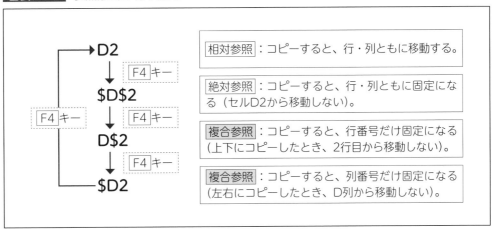

(4) 複合参照を使用する方法　　　レベル ★★★

　図表2-2-3で「$」が列番号または行番号の片方だけに付けられる参照形式を、複合参照といいます。複合参照は、数式を列方向と行方向の2方向にコピーする場合で、片方の方向だけにセル番地を移動させたいときに利用します。

　複合参照にした数式を行方向や列方向にコピーすると、「$」が付いている方向にはセル番地は移動せず、「$」が付かない方向には移動します。複合参照の使い方を知っておくと、集計表での作業効率が格段に上がります。

2 集計でよく利用される関数を使用する

次に、集計やデータ整理に欠かせない関数のルールや使い方を確認しましょう。

●「関数.xlsx」を使って内容を確認できます。

(1) 基本となる5つの関数

「合計」「平均」「セルの個数」「最大値」「最小値」を求める5つの基本関数は、ボタンを使用して入力します。「合計」は［ΣオートSUM］ボタンをクリックし、「合計」以外の4つの関数は［ΣオートSUM］右の▼からすばやく使用できます。

①SUM関数（合計を求める） レベル ★

```
=SUM（数値1，数値2，…）
```

引数「数値」に指定した数値やセル範囲を合計します。

合計対象が一連のセル範囲の場合は、半角の「:」で区切って「=SUM（B3:B5）」のように入力します。合計対象が離れたセル範囲の場合は、半角の「,」で区切って「=SUM（B3,B5）」のように入力します。文字が入力されたセルや空欄のセルは、引数に指定しても対象外になります。

②AVERAGE関数（平均を求める） レベル ★

```
=AVERAGE（数値1，数値2，…）
```

引数「数値」に指定した数値や数値が入力されたセル範囲を対象に、平均を求めます。引数の指定方法は、SUM関数と同様です。

③COUNT関数（数値が入力されたセルの個数を数える） レベル ★

```
=COUNT（値1，値2，…）
```

引数「値」に指定したセル範囲内で、数値が入力されたセルの個数を求めます。引数の指定方法は、SUM関数と同様です。

✎memo

COUNTA関数を使うと、数値だけでなく文字も含めた何らかのデータが入力されたセルの個数を求められます。引数の指定方法はCOUNT関数と同様です。

```
=COUNTA（値1，値2，…）
```

④MAX関数（最大値を求める）　　　　　　　　　　　　　　　レベル ★

⑤MIN関数 （最小値を求める）　　　　　　　　　　　　　　　レベル ★

```
=MAX　（数値1，数値2，…）
=MIN　（数値1，数値2，…）
```

　引数「数値」に指定した数値や数値が入力されたセル範囲を対象に、最大値や最小
値を求めます。引数の指定方法は、SUM関数と同様です。

図表2-2-4 基本の5関数の使用例

	A	B	C	D	E	
1	社内英語検定成績					
2	氏名	筆記	リスニング	スピーキング	合計点	
3	岩本　卓也	85	54	欠席	139	❶
4	木本　明彦	76	88	65	229	
5	齋藤　裕子	65	69	欠席	134	
6	田中　敦子	52	欠席	62	114	
7	前田　俊二	欠席	32	47	79	
8	浜口　順子	78	65	欠席	143	
9	渡辺　陽介	89	欠席	52	141	
10	平均点	74	62	58		❷
11	最高点	89	88	65		❸
12	最低点	52	32	47		❹
13	受験者数	6	5	4		❺
15	社員数	7				❻
16						

❶セルE3の数式　=SUM（B3:D3）
　SUM関数を使って、一人目の社員の得点を合計します。

❷セルB10の数式　=AVERAGE（B3:B9）
　AVERAGE関数を使って、筆記試験の平均点を求めます。

❸セルB11の数式　=MAX（B3:B9）
　MAX関数を使って、筆記試験の最高点を求めます。

❹セルB12の数式　=MIN（B3:B9）
　MIN関数を使って、筆記試験の最低点を求めます。

❺セルB13の数式　=COUNT（B3:B9）
　COUNT関数を使って、得点が入力されたセルの個数を数え、受験者数を求めます。

❻セルB15の数式　=COUNTA（A3:A9）
　COUNTA関数を使って、氏名が入力されたセルの個数を数え、社員数を求めます。

(2) 条件を満たすデータを集計する関数

　「IF」が後ろに付く「〇〇IF」系の関数を使うと、データベース形式の表で、条件を満たすレコードだけを対象に集計を行うことができます。

①SUMIF関数（条件を満たすデータの合計を求める）　レベル ★★

> =SUMIF（範囲，検索条件，合計範囲）

　引数「範囲」内で「検索条件」に指定した条件を満たすセルを検索します。見つかった場合は、同じ行にある「合計範囲」の列の数値を合計します。指定内容は、次のとおりです。

・範囲：条件によって検索の対象となる列のセル範囲を指定する。

・検索条件：条件内容を入力したセル。条件内容の数値・文字列・式を指定する。
　　　　　　※文字列と式は半角「"」で囲んで指定する。
　　　　　　（例）E5、120、"東京"、">=30"

・合計範囲：合計したい数値が入力された列のセル範囲を指定する。

②AVEARGEIF関数（条件を満たすデータの平均を求める）　レベル ★★

> =AVERAGEIF（範囲，条件，平均対象範囲）

　引数「範囲」内で「条件」に指定した条件を満たすセルを検索します。見つかった場合は、同じ行にある「平均対象範囲」の数値の平均を求めます。指定内容は、次のとおりです。

・範囲：条件によって検索の対象となる列のセル範囲を指定する。

・条件：SUMIFの「検索条件」と同様に指定する。

・平均対象範囲：平均を求めたい数値が入力された列のセル範囲を指定する。

③COUNTIF関数（条件を満たすセルの個数を求める）　レベル ★★

> =COUNTIF（範囲，検索条件）

　引数「範囲」内で「検索条件」に指定した条件を満たすセルの個数を数えます。条件を満たすデータ件数を求める用途で使われます。他の「〇〇IF」系関数と異なり、データベース形式以外の表でも利用できます。指定内容は、次のとおりです。

・範囲：条件によって検索の対象となる、個数を数えたい列のセル範囲を指定する。

・検索条件：SUMIF関数の「検索条件」と同様に指定する。

図表2-2-5 「〇〇IF」系関数の使用例

	A	B	C	D	E	F	G	H
1	営業部売上一覧						❶	❷
2	売上日	顧客名	担当者	金額		担当者	金額の合計	金額の平均
3	2023/4/10	飯田食品	中田	228,960		中田	1,139,410	284,853
4	2023/4/25	松本自動車	橋谷	318,960		橋谷	1,064,220	266,055
5	2023/5/1	ウエタニ商事	浜口	129,000		浜口	516,700	172,233
6	2023/5/15	飯田食品	中田	109,850		本村	456,300	456,300
7	2023/6/1	東谷商会	橋谷	349,060				
8	2023/6/18	飯田食品	橋谷	106,700		顧客名	売上件数	
9	2023/7/2	松本自動車	中田	210,500		飯田食品	5	❸
10	2023/7/25	ウエタニ商事	浜口	148,200		松本自動車	3	
11	2023/8/10	飯田食品	本村	456,300		ウエタニ商事	2	
12	2023/8/22	松本自動車	中田	590,100		東谷商会	1	
13	2023/9/5	セントラル企画	浜口	239,500		セントラル企画	1	
14	2023/9/12	飯田食品	橋谷	289,500				
15								
16								

❶セルG3の数式　=SUMIF($C$3:$C$14,F3,$D$3:$D$14)
　SUMIF関数で担当者別に金額を合計します。入力した数式を下のセルにコピーするさいセル範囲が移動しないよう、引数「範囲」と「合計範囲」は、絶対参照で指定します。

❷セルH3の数式　=AVERAGEIF($C$3:$C$14,F3,$D$3:$D$14)
　AVERAGEIF関数で担当者別に金額の平均を求めます。入力した数式を下のセルにコピーするさいセル範囲が移動しないよう、引数「範囲」と「平均対象範囲」は、絶対参照で指定します。

❸セルH9の数式　=COUNTIF($B$3:$B$14,G9)
　COUNTIF関数で顧客名別に売上の件数を求めます。入力した数式を下のセルにコピーするさいセル範囲が移動しないよう、引数「範囲」は、絶対参照で指定します。

(3) データの順位を求める関数

　複数のセルの数値を比較して順位を求めるには、RANK.EQ関数を利用します。

●RANK.EQ関数（データの順位を求める）

レベル ★★

> =RANK.EQ（数値，参照，順序）

　金額や点数などのグループ内での順位を求めます。グループ内に同じ数値が複数含まれる場合は同じ順位となり、次点の順位は欠番になります。指定内容は、次のとおりです。

・数値：順位を求めたい個別の数値を指定する。

・参照：順位を求める数値グループのセル範囲を指定する。

・順序：並べ替える方法を指定する。0を指定するか省略すると降順での順位となる。
　　　　昇順での順位を求めるには、0以外の数値を指定する。

	A	B	C	D	E
1	新規契約獲得件数				
2	社員番号	社員名	契約件数	順位	
3	1021	近藤　博	25	8	❶
4	1032	発生川　緑	9	10	
5	1203	新川　明子	47	2	
6	1058	黒田　利治	38	5	
7	1105	妹尾　洋子	15	9	
8	1023	寺本　実	40	4	
9	1143	夏田　裕子	38	5	
10	1096	榎　紀子	48	1	
11	1009	増田　敏子	44	3	
12	1196	加藤　洋介	30	7	
13					

同じ数値があると同じ順位になる。

❶セルD3の数式　=RANK.EQ（C3,$C$3:$C$12,0）
　RANK.EQ関数を使って、C列の契約件数の多い順に順位を求めます。数式を下のセルにコピーしたさいセル範囲が移動しないよう、引数「参照」は、絶対参照で指定します。降順とするため、「順序」は「0」を入力します。降順の場合、「順序」を省略することもできます。
　なお、セルC6とセルC9の契約件数が同じ38であるため、セルD6とD9の順位はどちらも5位となり、次の順位（セルD12）が7位となります。

（4）数値の端数を処理する関数

　数値の端数を適切に処理するには、ROUND系の3種類の関数やINT関数を使います。

①ROUND系関数

```
=ROUND（数値，桁数）
=ROUNDUP（数値，桁数）
=ROUNDDOWN（数値，桁数）
```

1）ROUND関数（数値の端数を四捨五入する）　　レベル ★★

2）ROUNDUP関数（数値の端数を切り上げする）　　レベル ★★

3）ROUNDDOWN関数（数値の端数を切り捨てする）　　レベル ★★

　引数「数値」を「桁数」に指定した桁で、1）四捨五入、2）切り上げ、3）切り捨てします。引数は共通のため、まとめて理解し、処理に応じて3種類の関数を使い分けましょう。指定内容は、次のとおりです。

・数値：端数処理の対象となる数値や、数値が入力されたセルを指定する。

・桁数：端数処理を行った結果、末尾になる桁を番号で指定する（**図表2-2-7**参照）。

　※桁数の数え方：末尾の桁が一の位（整数になる場合）を0として、桁が上がる場合は−1、桁が下がる場合は＋1ずつ数値を増減する。

図表2-2-7 引数「桁数」の指定方法

末尾の桁	・・・	千の位	百の位	十の位	一の位	小数第1位	小数第2位	小数第3位	・・・
桁数	・・・	−3	−2	−1	0	1	2	3	・・・

−1　−1　　　　+1　+1

②INT関数（小数部分を切り捨てて整数にする）

レベル ★★★

```
=INT（数値）
```

引数「数値」の小数部分を切り捨てて、元の数値よりも小さい整数にします。消費税額の計算のように、数値の小数部分を機械的に切り捨てた整数を求める場合に便利です。

なお、正の数の場合は、ROUNDDOWN関数の引数「桁数」に0を指定するのと同じ結果になります。指定内容は、次のとおりです。

・数値：対象となる数値や、数値が入力されたセルを指定する。

※負の数では、戻り値は0から遠いほうの整数になる。（例）=INT(-1.3) →−2

図表2-2-8 ROUND系関数・INT関数の使用例

	A	B	C	D ❶	E ❷	F ❸	G	H ❹
1	セール価格試算							
2	商品名	定価	セール価格（25％引き）	10円未満を切り上げ	10円未満を四捨五入	10円未満を切り捨て		1円未満を切り捨て
3	ニット	17,590	13192.5	13,200	13,190	13,190		13,192
4	コート	39,890	29917.5	29,920	29,920	29,910		29,917
5	スカート	8,990	6742.5	6,750	6,740	6,740		6,742

❶セルD3の数式　=ROUNDUP(C3,-1)
　ROUNDUP関数で、セール価格（セルC3）の10円未満を切り上げします。

❷セルE3の数式　=ROUND(C3,-1)
　ROUND関数で、セール価格（セルC3）の10円未満を四捨五入します。

❸セルF3の数式　=ROUNDDOWN(C3,-1)
　ROUNDDOWN関数で、セール価格（セルC3）の10円未満を切り捨てします。

❹セルH3の数式　=INT(C3)
　INT関数で、セール価格（セルC3）の1円に満たない小数部分を切り捨てて整数にします。
※ROUNDDOWN関数で「=ROUNDDOWN(C3,0)」と指定しても同じ結果になりますが、引数「桁数」を指定する必要があるため、INTを使うほうが効率的です。

（5）条件分岐を行う関数

　条件判定の結果に応じて2通りの処理を指定するには、IF関数を使います。なお、関数の引数に別の関数を指定することを「関数のネスト」といい、IF関数の引数にも

う1つIF関数をネストすれば、3通りの処理を指定できます。

①IF関数（条件を満たすかどうかで処理を切り替える）

> =IF（論理式，値が真の場合，値が偽の場合）

引数「論理式」の条件を満たすかどうかを判定して、セルの表示や計算の方法を2通りに切り替えます。「論理式」に指定した条件を満たす場合は「値が真の場合」に指定した処理を行い、満たさない場合は「値が偽の場合」に指定した処理を行います。指定内容は、次のとおりです。

・論理式：「＜」「＞」「＝」などの不等号や等号の記号（**図表2-2-9**参照）を使って条件式を入力する。
・値が真の場合：論理式の条件を満たす（TRUE）場合の処理を指定する。
・値が偽の場合：論理式の条件を満たさない（FALSE）場合の処理を指定する。
※いずれの引数でも、文字列は半角「"」で囲んで指定する。

図表2-2-9 引数「論理式」の指定方法

記号と例	意味
B3<50	セルB3の数値が50より小さい。
B3>50	セルB3の数値が50より大きい。
B3<=50	セルB3の数値が50以下である。
B3>=50	セルB3の数値が50以上である。
B3=50 B4="東京都"	セルB3の数値が50である。 セルB4の値が「東京都」である。
B3<>50 B4<>"東京都"	セルB3の数値が50ではない。 セルB4の値が「東京都」ではない。

図表2-2-10 IF関数の使用例①

⬜	A	B	C	D	E	F
1	売上実績一覧					
2	部署	売上実績	売上目標	達成率	評価	
3	営業1課	3,652,000	3,598,000	101.5%	達成	❶
4	営業2課	2,136,000	2,195,000	97.3%	未達成	
5	営業3課	1,825,000	1,819,000	100.3%	達成	
6						

❶セルE3の数式　=IF(D3>=1,"達成","未達成")
　IF関数を使って、達成率（D列）が1（100%）以上なら「達成」、そうでない場合は「未達成」という評価をE列に表示します。

②IF関数にIF関数をネストする

関数の引数に別の関数をネスト（入れ子）した関数の式では、単独で関数を使う場合よりもさらに詳細な処理を行えます（**図表2-2-11**参照）。

図表2-2-11 IF関数の使用例②

	A	B	C	D	E	F
1	接客研修成績					
2	社員名	テスト点数	評価		判定方法	
3	横田　紀子	87	A	❶	80以上…A	
4	牧村　彩	79	B		60以上80未満…B	
5	木村　翔太	81	A		60未満…C	
6	森本　大輔	59	C			
7	安藤　弘子	68	B			
8						

❶セルC3の数式　=IF(B3>=80,"A",IF(B3>=60,"B","C"))
　IF関数を使って、テスト点数（B列）が80以上なら「A」、60以上80未満の場合は
「B」、60未満の場合は「C」と、3通りの評価をC列に表示します。

IF関数を単独で使用する場合、引数「論理式」で判定できるのは、条件を満たすか満たさないかの2つです。引数「値が真の場合」または「値が偽の場合」に、もう1つIF関数の式をネストすると、最初の条件を満たさない場合に2番目のIF関数の「論理式」で別の条件判定ができます（**図表2-2-12**参照）。結果として、3通りの処理を行えるようになります。

図表2-2-12 IF関数をネストして3段階の評価を求めるしくみ

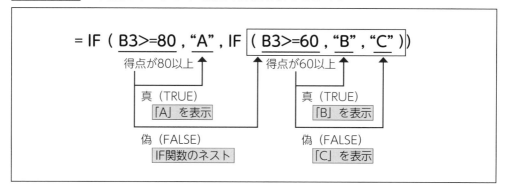

(6) 表からデータを検索する関数

別表を検索してデータを抽出するには、VLOOKUP関数を使います。

●VLOOKUP関数（検索値を基に必要なデータを抽出する）

=VLOOKUP（検索値, 範囲, 列番号, 検索方法）

検索値を基に別表を検索して、必要なデータをセルに表示する関数です。引数「検索値」に指定した数値や文字列を「範囲」の表の左端列で検索して、該当した行の「列番号」に指定した列のデータを検索結果として表示します。指定内容は、次のとおりです。

・検索値：検索する数値、文字列、またはセルを指定する。

・範囲：必要なデータが含まれる表のセル範囲を指定する。「範囲」の表の左端列に、検索値で検索する列が必要である。また、「範囲」は、数式をコピーしたさいに移動しないよう、絶対参照で指定する。

・列番号：必要なデータの列が「範囲」の表の左から数えて何列目かを数値で指定する。

・検索方法：検索値と完全に一致する検索を行ってデータを抽出する場合は「FALSE」を指定し、近似値も含めた検索を行う場合は「TRUE」を指定する。
　　　　　　※「FALSE」の代わりに「0」、「TRUE」を「1」と指定してもよい。

図表2-2-13　VLOOKUP関数の使用例①

	A	B	C	D	E	F	G	H	I
1	注文一覧 ❶		❷				商品リスト		
2	型番	商品名	単価	数量	金額		型番	商品名	単価
3	102	オーガニックワイン	7,980	2	15,960		101	高級果物詰め合わせ	9,980
4	104	紅茶詰め合わせ	4820	5	24,100		102	オーガニックワイン	7,980
5	105	焼き菓子セット	3780	3	11,340		103	特選チーズケーキ	5,480
6	107	カレーセット	2780	2	5,560		104	紅茶詰め合わせ	4,820
7	101	高級果物詰め合わせ	9980	1	9,980		105	焼き菓子セット	3,780
8							106	フルーツゼリー	2,580
9	検索値						107	カレーセット	2,780
10									

範囲

列番号　1　2　3

❶セルB3の数式　=VLOOKUP（A3,$G$3:$I$9,2,FALSE）
　VLOOKUP関数で型番から商品名を求めます。引数「検索値」に型番が入力されたセルA3を指定し、「範囲」に「商品リスト」表のセルG3:I9を絶対参照で指定します。商品名は「商品リスト」表の左から2列目にあるため、「列番号」に「2」と入力し、「検索方法」には完全一致を表す「FALSE」と指定します。

❷セルC3の数式　=VLOOKUP（A3,$G$3:$I$9,3,FALSE）
　VLOOKUP関数で型番から単価を求めます。単価は範囲である「商品リスト」表の左から3列目にあるため、「列番号」に「3」と入力します。他の引数は❶と同様です。

図表2-2-14 VLOOKUP関数の使用例②

	A	B	C	D	E	F	G	H	I
1	注文一覧 ❶		❷				商品リスト		
2	型番	商品名	単価	数量	金額		型番	商品名	単価
3	102	オーガニックワイン	7,980	2	15,960		101	高級果物詰め合わせ	9,980
4	104	紅茶詰め合わせ	4820	5	24,100		102	オーガニックワイン	7,980
5	105	焼き菓子セット	3780	3	11,340		103	特選チーズケーキ	5,480
6	107	カレーセット	2780	2	5,560		104	紅茶詰め合わせ	4,820
7	101	高級果物詰め合わせ	9980	1	9,980		105	焼き菓子セット	3,780
8							106	フルーツゼリー	2,580
9	検索値						107	カレーセット	2,780
10									

❶セルB3の数式　=VLOOKUP（$A3,$G$3:$I$9,2,FALSE）
　VLOOKUP関数で型番から商品名を求めます。引数「検索値」は、「$A3」のように複合参照にします。

❷セルC3の数式　=VLOOKUP（$A3,$G$3:$I$9,3,FALSE）
　VLOOKUP関数で型番から単価を求めます。セルC3にセルB3の数式をコピーして、**図表2-2-13**の❷よりも効率よく入力する方法です。
　セルB3にVLOOKUP関数の式を入力するさい、**図表2-2-14**の❶のように引数「検索値」を複合参照にしておくと、セルB3をセルC3へコピーしたとき、数式内の「検索値」のセル番地はA列から移動せず「$A3」のままになります。そのため、セルC3の数式の列番号「2」を「3」に変更するだけで単価を表示できます。
　次に、セルB3:C3を下にコピーすると、数式内の「検索値」のセル番地は「$A4」「$A5」…と下に移動するため、他の行にも商品名と単価が正しく求められます。

（7）文字列を操作する関数

　文字列が入力されたセルを対象に、一部の文字を取り出したり、特定の文字が現れる位置を調べたりするには、文字列操作関数を利用します。文字列操作関数をネストすると、取り出す文字の文字数や条件をさまざまに指定できます。

①LEFT関数（左端から一部の文字を取り出す）　レベル ★★★

> =LEFT（文字列, 文字数）

　引数「文字列」の先頭から「文字数」分の文字を表示します。指定内容は、次のとおりです。
・文字列：文字列が入力されたセルや文字列データを指定する。
・文字数：左端から取り出す文字数を指定する。

②RIGHT関数（右端から一部の文字を取り出す）　レベル ★★★

> =RIGHT（文字列, 文字数）

　引数「文字列」の末尾から「文字数」分の文字を表示します。指定内容は、次のとおりです。
・文字列：文字列が入力されたセルや文字列データを指定する。
・文字数：右端から取り出す文字数を指定する。

③MID関数（指定した位置から一部の文字を取り出す）   レベル ★★★

> =MID（文字列，開始位置，文字数）

　引数「文字列」の途中（開始位置）から指定した「文字数」分の文字を表示します。指定内容は、次のとおりです。
・文字列：文字列が入力されたセルや文字列データを指定する。
　　　　　　※文字列を直接指定する場合は半角の「"」で囲む。
・開始位置：データの何文字目から文字を取り出すのかを指定する。
・文字数：取り出す文字数を指定する。

④LEN関数（データの文字数を求める）   レベル ★★★

> =LEN（文字列）

　引数「文字列」のセルに入力されたデータの文字数を求めます。指定内容は、次のとおりです。
・文字列：文字列が入力されたセルや文字列データを指定する。
　　　　　　※文字列を直接指定する場合は半角の「"」で囲む。
　　　　　　※スペースが含まれる場合も文字数にカウントされる。

⑤SEARCH関数（指定した文字が現れる位置を求める）   レベル ★★★

> =SEARCH（検索文字列，対象，開始位置）

　引数「検索文字列」に指定した文字（対象）が、セル内で「開始位置」から最初に出現する位置を求めます。指定内容は、次のとおりです。
・検索文字列：検索する文字列が入力されたセルや文字列データを指定する。
　　　　　　　※文字列を直接指定する場合は半角の「"」で囲む。
　　　　　　　※全角・半角は区別される。英字の大文字・小文字は区別されない。
・対象：検索対象となるデータが入力されたセルを指定する。
・開始位置：検索を開始する位置を左から数えた文字数で指定する。
　　　　　　　※省略すると「1」とみなされ、先頭文字から検索される。

図表2-2-15 文字列操作関数の使用例①

	A	B	C	D	E
1	商品コード一覧	❶	❷		
2	商品コード	分類	サイズ		
3	JK-012-S	JK	S		
4	SK-013-L	SK	L		
5	CS-015-M	CS	M		

❶セルB3の数式　=LEFT（A3,2）

　LEFT関数で、商品コードの先頭2文字を分類の情報として取り出します。引数「文字列」に商品コードが入力されたセルA3を指定し、「文字数」には「2」と指定します。

❷セルC3の数式　=RIGHT（A3,1）

　RIGHT関数で、商品コードの末尾1文字をサイズの情報として取り出します。引数「文字列」に商品コードが入力されたセルA3を指定し、「文字数」には「1」と指定します。

図表2-2-16 文字列操作関数の使用例②

	A	B	C	D
1	会員名簿	❶	❷	
2	氏名	姓	名	
3	伊藤　あやか	伊藤	あやか	
4	佐々木　正	佐々木	正	
5	原　真理子	原	真理子	

❶セルB3の数式　=LEFT（A3,SEARCH（"□",A3)-1）　※□は全角スペースを表す。

　LEFT関数にSEARCH関数をネストして、氏名から姓の部分を取り出します。姓の文字数がデータ間で異なるため、姓と名を区切る全角スペースが表示される位置をSEARCH関数で検索し、そこから1を引き算した数値をLEFT関数の引数「文字数」に指定します。

　LEFT関数の引数「文字列」に氏名が入力されたセルA3を指定し、「文字数」には「SEARCH（"□",A3)-1」と指定します。

❷セルC3の数式　=MID（A3,SEARCH（"□",A3)+1,20）　※□は全角スペースを表す。

　MID関数にSEARCH関数をネストして、氏名から名の部分を取り出します。名の文字数もデータ間で異なるため、姓と名を区切る全角スペースが表示される位置をSEARCH関数で検索し、そこから1を足し算した数値をMID関数の引数「開始位置」に指定します。「文字数」には、名の文字数を上回る任意の大きさの数値を指定します。

　MID関数の引数「文字列」に氏名が入力されたセルA3を指定し、「開始位置」には「SEARCH（"□",A3)+1」と指定し、「文字数」には**図表2-2-16**の例では20と指定しています。

並べ替えとは、指定した基準に従ってデータベースの表でレコードを並べ替える機能です。並べ替えの順序には、「昇順」と「降順」があります。

図表2-2-17 並べ替えの基準

〈昇順〉

データ	順序
数値	小 → 大
英字	A → Z
日付	古い→新しい
かな	五十音順

〈降順〉

データ	順序
数値	大 → 小
英字	Z → A
日付	新しい→古い
かな	五十音順の逆

※漢字を含む文字列は、入力時の読みの五十音順で並ぶ。ただし、読み情報を持たない外部からExcelに取り込んだ表などでは、文字コード順に並ぶ場合がある。

（1）特定の1列を基準に並べ替える

単独の列を基準にして表全体を並べ替えるには、並べ替えの基準となる列内の任意のセルをクリックして、［データ］－［昇順］または［降順］をクリックします。

（2）複数の列を基準にして並べ替える

［並べ替え］ダイアログボックスで並び順を指定すると、複数の列を基準（キー）にして一度に並べ替えることができます。行数や列数の多い表を複数の項目で分類する、効率よく並べ替えるといった用途で利用します。

以下、「セミナー開催データ」表を、「区分」の昇順で並べ替え、さらに、区分が同じデータは「セミナーコード」の昇順で、セミナーコードが同じデータは「金額」の降順に並べ替える手順を解説します。

手順

● 「並べ替え.xlsx」で操作を確認できます。

❶表内の任意のセルをクリックします。
　※表全体の範囲が自動で認識されます。

❷［データ］－［並べ替え］をクリックします。

❸［並べ替え］ダイアログボックスの「最優先されるキー」で、［列］に「区分」を選択し、［並べ替えのキー］に「セルの値」を選択します。［順序］に「昇順」を選択して、［レベルの追加］をクリックします。
　※［並べ替えのキー］で「セルの色」や「フォントの色」を選択すると、塗りつぶしの色やフォントの色を基準にして並べ替えることができます。

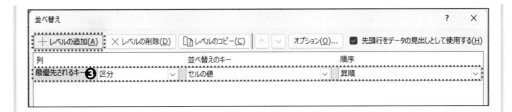

❹上記❸と同様に、[次に優先されるキー]に「セミナーコード」「セルの値」「昇順」を指定して、[レベルの追加]をクリックします。

❺3番目のキーに「金額」「セルの値」「大きい順」を指定して、[OK]をクリックすると、並べ替えが実行されます。

※指定を間違えた場合は、並べ替えのキーを選択して[レベルの削除]をクリックすると、並べ替えの基準を部分的に削除できます。

※よく似た設定の並べ替えを指定する場合は、[レベルのコピー]をクリックして、並べ替えキーをコピーし、異なる部分だけを設定し直すと効率的です。

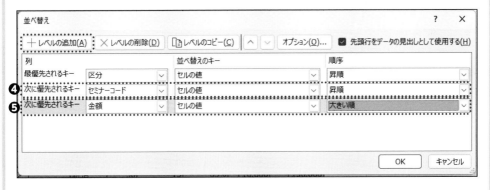

〈完成図〉

	A	B	C	D	E	F	G	H	I	J	K
1	セミナー開催データ										
2											
3	開催日	セミナーコード	区分	セミナー名	会場	定員	受講者数	受講率	受講料	金額	
4	2023/10/1	B01	ビジネス	販売心理学	丸の内	40	42	105%	¥22,000	¥924,000	
5	2023/12/2	B01	ビジネス	販売心理学	丸の内	40	42	105%	¥22,000	¥924,000	
6	2023/7/3	B01	ビジネス	販売心理学	丸の内	40	40	100%	¥22,000	¥880,000	
7	2023/8/3	B01	ビジネス	販売心理学	丸の内	40	40	100%	¥22,000	¥880,000	
8	2023/9/3	B01	ビジネス	販売心理学	丸の内	40	40	100%	¥22,000	¥880,000	
9	2023/10/4	B01	ビジネス	販売心理学	池袋	60	40	67%	¥22,000	¥880,000	
10	2023/11/4	B01	ビジネス	販売心理学	池袋	60	40	67%	¥22,000	¥880,000	
11	2023/12/5	B01	ビジネス	販売心理学	池袋	60	40	67%	¥22,000	¥880,000	
12	2023/7/6	B01	ビジネス	販売心理学	池袋	60	38	63%	¥22,000	¥836,000	
13	2023/8/6	B01	ビジネス	販売心理学	池袋	60	38	63%	¥22,000	¥836,000	

4 ▶ フィルターの使用方法

　フィルター（抽出）とは、条件を満たす行だけを一時的に表示させる機能です。条件に該当しない行は非表示になるため、データベースで見たいデータをすばやく確認するのに役立ちます。

手順

● 「フィルター.xlsx」で操作を確認できます。

❶表内の任意のセルをクリックします。

❷ ［データ］－［フィルター］をクリックし、ONにします。

　※フィールド名のセルにフィルター矢印▼が追加されます。

❸抽出に使うフィールドの▼をクリックして条件を指定し（**図表2-2-18**参照）、［OK］をクリックすると、レコードが抽出されます。

　※複数の列を基準にしてフィルターを実行すると、表のデータが絞り込まれます。

　※列単位で抽出を解除するには、**図表2-2-18**のように、「〜からフィルターをクリア」をクリックします。すべての抽出設定を一度に解除して、全レコードを再表示するには、［データ］－［クリア］をクリックします。

✎memo

　フィルターを実行した結果、抽出されたレコードの件数は、ステータスバーに表示されるメッセージで確認できます。

| 152 | 2023/9/14 | T02 | 情報 | データサイエンス入門 | 丸の |
| 162 | 2023/9/30 | T02 | 情報 | データサイエンス入門 | 新宿 |

`<　>　フィルター　＋`

準備完了　211 レコード中 35 個が見つかりました　アクセシビリティ: 問題ありません

図表2-2-18 抽出条件の指定方法

❶チェックボックス：抽出したい項目をクリック（ONに設定）
　（例）丸の内会場で開催されたセミナーのレコードを抽出
　「会場」フィールドで「丸の内」チェックボックスをクリック（抽出件数：68件）
※「（すべて選択）」チェックボックスをクリックすると、全項目を一括でON・OFFに設定できます。

❷テキストフィルター：詳細な条件を設定するサブメニューを表示
　（例）定員が50名以上であるセミナーのレコードを抽出
　「定員」フィールドで、「数値フィルター」-「指定の値以上」を選択し、「50」と入力（抽出件数：48件）
※文字列のフィールドでは、「テキストフィルター」、数値のフィールドでは「数値フィルター」、日付のフィールドでは「日付フィルター」と表示され、指定できる内容が異なります。

❸検索：言葉の一部を入力して、指定した文字を含むセルを抽出
　（例）セミナー名に「データ」という語を含むレコードを抽出
　「セミナー名」フィールドの検索欄に「データ」と入力（抽出件数：71件）
※「データサイエンス入門」と「初心者のためのデータ分析」のレコードが抽出されます。

❹色フィルター：セルに設定した塗りつぶしの色を指定して抽出
　（例）「セミナー名」フィールドで緑色の塗りつぶしを設定したレコードを抽出（抽出件数：1件）
※塗りつぶしの色を設定していないフィールドでは指定できません。

5　統合の使用方法　　レベル ★★★

　統合とは、行や列の見出しから同じ項目を探し出して、自動で集計する機能です。項目見出しの数や並び順が異なる表でも、複数の表の数値をすばやく集計できます。

　図表2-2-19の例では、「松田」「田中」「川本」の3枚のシートの表を比べると、列見出しと行見出しの項目の内容や数にばらつきがあります。統合機能を使えば、項目見出しが統一されていない複数の表から、同じ項目の数値同士を合計した集計表を「合計」シートに作成できます。以下、この例で操作を説明します。

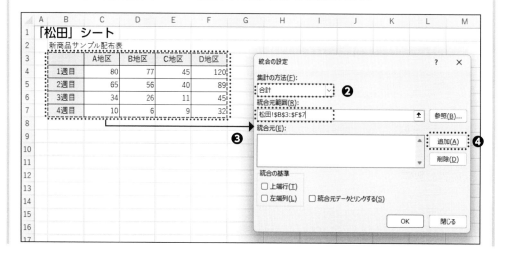

図表2-2-19 統合のしくみ

「松田」シート

新商品サンプル配布表				
	A地区	B地区	C地区	D地区
1週目	80	77	45	120
2週目	65	56	40	89
3週目	34	26	11	45

「田中」シート

新商品サンプル配布表					
	A地区	B地区	C地区	D地区	E地区
2週目	33	16	46	50	75
3週目	25	12	40	23	52
4週目	10	10	35	12	44

「合計」シート

	A地区	B地区	C地区	D地区	E地区
1週目	177	77	132	120	55
2週目	98	72	86	139	75
3週目	129	38	96	68	95
4週目	20	16	44	44	44

「川本」シート

新商品サンプル配布表			
	A地区	C地区	E地区
1週目	97	87	55
3週目	70	45	43

手 順

● 「統合.xlsx」を使って、操作を確認できます。

❶作成する集計表の先頭に当たるセル（ここでは「合計」シートのセルB2）を
クリックし、［データ］－［統合］をクリックします。

❷ ［統合の設定］ダイアログボックスの［集計の方法］で「合計」を選択します。
※「平均」「個数」「最大」「最小」「数値の個数」などの集計方法を選択すると、合計以外の集計表
も作成できます。

❸ ［統合元範囲］ボックスに、統合の対象となる最初の表のセル範囲（ここでは
「松田」シートのセルB3:F7）をドラッグして指定します。
※必ず項目見出しを含めてドラッグします。

❹ ［追加］をクリックします。
※ ［統合元］に選択範囲（ここでは「松田! $B$3:$F$7」）が追加されます。

❺上記❸❹を繰り返して、残りの集計対象の表（ここでは「田中」シートのセル
　B3:G6、「川本」シートのセルB3:E5）を［統合元］に追加します。

❻［統合の基準］で、項目見出しとして使う「上端行」「左端列」チェックボック
　スのうち、項目数や並び順が異なるもの（ここでは、「上端行」「左端列」の
　両方）をクリックしてONに設定します。

　※［統合の基準］のチェックボックスがONの場合、項目の並び順は考慮せず、項目見出しが同じ
　　ものを探して集計され、項目見出しと集計値の両方が結果に表示されます。チェックボックスが
　　OFFの場合、セルの並び順で位置による集計が行われ、項目見出しは結果に表示されず、集計値
　　だけが表示されます。

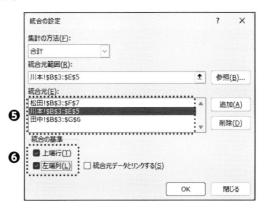

❼［OK］をクリックすると、❶で選択したセルを先頭に、統合された集計表が
　表示されます。

〈完成図〉

	A	B	C	D	E	F	G	H
1								
2		❶	A地区	B地区	C地区	D地区	E地区	
3		1週目	177	77	132	120	55	
4		2週目	98	72	86	139	75	
5		3週目	129	38	96	68	95	
6		4週目	20	16	44	44	44	
7								

✏**memo**

　計算結果には、数式ではなく集計値が格納されます。結果を基の表とリンクさせ、
数式の形式で集計するには、手順❺の［統合の設定］ダイアログボックスで、［統
合元データとリンクする］チェックボックスをONに設定します。この場合、統合
元の表の数値が変更されると、集計結果も連動して変わります。

6 ▶ 3D集計の使用方法　　レベル ★★★

　3D集計とは、複数のシート間で、同じ番地のセルをまとめて集計する機能です。ちょうど、串を刺すように集計範囲を指定することから「串刺し演算」ともよばれます。

　図表2-2-20の例では、「集計」シートのセルB4に、「Q1」シートから「Q4」シートまでの4枚のシートのセルB7の数値を合計します。3D集計を使用すると、あらかじめ同一レイアウトで作成しておいた複数の表の集計を効率よく行えます。以下、この例で操作を説明します。

図表2-2-20 3D集計のしくみ　　=SUM('Q1:Q4' !B7)

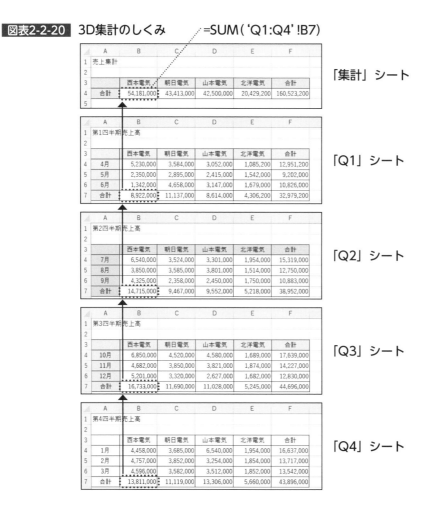

手順

● 「3D集計.xlsx」を使って、操作を確認できます。

❶ 集計結果を求めたいセル（ここでは「集計」シートのセルB4）を選択し、［ホーム］－［Σ オートSUM］をクリックします。

※ ［Σ オートSUM］ボタン右の▼から集計方法を選択すれば、「合計」以外の集計を行うことができます。

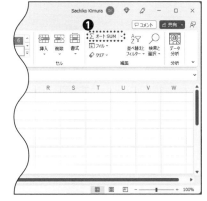

❷ 集計対象の先頭のシート（ここでは「Q1」シート）を選択し、合計対象のセル（ここではセルB7）をクリックします。

※ 数式バーに「=SUM（'Q1'!B7）」と表示されます。

❸ Shiftキーを押しながら、末尾のシート（ここでは「Q4」シート）のシート見出しをクリックします。

※ 数式バーの表示が、「=SUM（'Q1:Q4'!B7）」に変わります。この式は、「「Q1」シートから「Q4」シートまでのシートのセルB7を合計する」という意味です。

❹ Enterキーを押すと、「集計」シートのセルB4に合計が表示されます。

❺ セルB4をセルC4:E4にコピーします。

※ 3D集計の数式がコピーされ、**図表2-2-20**のように集計結果が表示されます。

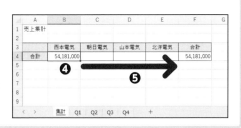

ピボットテーブルを使用すると、データベース形式の表を基にして、アイテムごとの集計表をすばやく作成できます。数式や関数を入力しなくても、列見出し、行見出し、集計に使うフィールドをドラッグ操作で指定するだけで、合計、平均、比率などを求められます。大量のデータを効率よく集計するには、欠かせない機能です。

ピボットテーブルは、**図表2-2-21**のように4つの領域で構成されます。

図表2-2-21 ピボットテーブルの構造

	A	B	C	D
1	会場	(すべて) ▼	❶	
2				
3	合計 / 金額	列ラベル ▼		
4		⊞2022年	⊞2023年	総計
5	❷			❸
6				
7	行ラベル ▼			
8	⊟ ビジネス	32,766,000	35,268,000	68,034,000
9	タイムマネジメント	9,270,000	10,320,000	19,590,000
10	販売心理学	23,496,000	24,948,000	48,444,000
11	⊟ 語学	24,915,000	29,580,000	54,495,000
12	ビジネス基礎英語	14,940,000	18,360,000	33,300,000
13	英語で交渉術	9,975,000	11,220,000	21,195,000
14	⊟ 情報	61,310,000	73,630,000	134,940,000
15	データサイエンス入門	36,010,000	42,380,000	78,390,000
16	初心者のためのデータ分析	25,300,000	31,250,000	56,550,000
17	総計	118,991,000	138,478,000	257,469,000
18				

❹は値領域、❷は行ラベル領域を示す。

❶ 「フィルター」：集計結果の抽出を行う領域で、抽出に使うフィールドを指定

❷ 「行ラベル」：行見出しのフィールドを指定
複数のフィールドを指定して、階層構造の見出しを作ることも可能

❸ 「列ラベル」：列見出しのフィールドを指定
行ラベル同様、階層構造にすることが可能

❹ 「値」：集計結果が表示される領域で、集計対象となるフィールドを指定

（1）ピボットテーブルを作成する手順

ピボットテーブルを作成する基本手順を確認します。以下、「セミナー開催データ」表から、「会場」「区分」「セミナー名」「開催日」「金額」フィールドを配置したピボットテーブルを作成する手順を解説します。

図表2-2-22 ピボットテーブルの例

・「フィルター」：「会場」フィールド
・「行ラベル」：「区分」フィールドと「セミナー名」フィールド
・「列ラベル」：「開催日」フィールド
・「値」：「金額」フィールドの合計

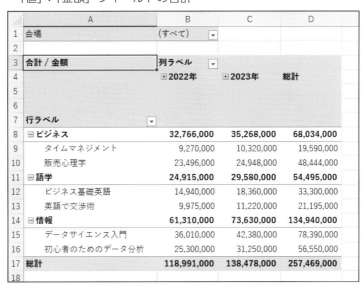

	A	B	C	D
1	会場	（すべて） ▼		
2				
3	合計 / 金額	列ラベル ▼		
4		⊞2022年	⊞2023年	総計
5				
6				
7	行ラベル ▼			
8	⊟ ビジネス	32,766,000	35,268,000	68,034,000
9	タイムマネジメント	9,270,000	10,320,000	19,590,000
10	販売心理学	23,496,000	24,948,000	48,444,000
11	⊟ 語学	24,915,000	29,580,000	54,495,000
12	ビジネス基礎英語	14,940,000	18,360,000	33,300,000
13	英語で交渉術	9,975,000	11,220,000	21,195,000
14	⊟ 情報	61,310,000	73,630,000	134,940,000
15	データサイエンス入門	36,010,000	42,380,000	78,390,000
16	初心者のためのデータ分析	25,300,000	31,250,000	56,550,000
17	総計	118,991,000	138,478,000	257,469,000
18				

手 順

● 「ピボットテーブル.xlsx」を使って操作を確認できます。

❶ 「開催データ」シートの表内の任意のセルをクリックし、［挿入］－［ピボットテーブル］をクリックします。

❷ ［テーブルまたは範囲からのピボットテーブル］ダイアログボックスで、［テーブル/範囲］ボックスに表全体のセル範囲が指定されていることを確認します。

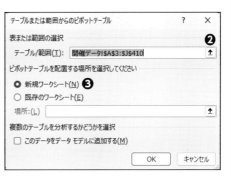

※基になる表の範囲が自動で認識され、枠線で囲まれます。

❸配置する場所に［新規ワークシート］を選択して、［OK］をクリックします。

※新しいシートが追加され、［ピボットテーブルのフィールド］作業ウィンドウが表示されます。

❹ ［ピボットテーブルのフィールド］作業ウィンドウで、フィールド名を領域のボックスに追加します。

❺「会場」を［フィルター］ボックスまでドラッグします。

※ドラッグした「会場」フィールドのボタンが［フィルター］ボックス内に追加され、シートには「フィルター」の内容が作成されます。

※誤ってフィールドを追加した場合は、フィールドのボタンを［ピボットテーブルのフィールド］作業ウィンドウの外までドラッグすれば、削除できます。

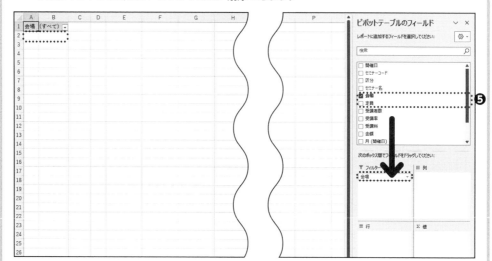

❻「区分」と「セミナー名」を［行］ボックスまで順にドラッグします。「区分」のボタンが「セミナー名」の上に表示されるように配置します。

※「区分」と「セミナー名」は階層構造の見出しです。［行］ボックスや［列］ボックス内では、ボタンの上下の並びがそのまま階層の順序になります。ここでは、区分の下に該当するセミナー名を表示したいため、「区分」を上位の階層に指定し、「セミナー名」を下位の階層に指定します。

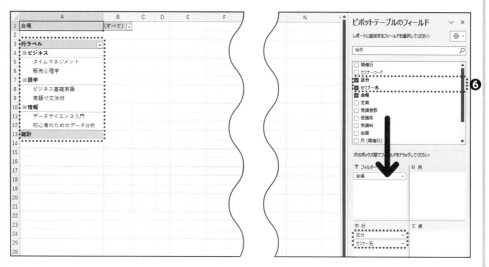

※見出しの階層を間違えて追加した場合は、［行］ボックス内でボタンを上下にドラッグすれば、階層の順序を変更できます。

❼「開催日」を［列］ボックスにドラッグします。

※日付のグループ化が自動で行われ、［列］ボックスに、「年（開催日）」「四半期（開催日）」「月（開催日）」「開催日」という4つのボタン（Excel2021・Excel2019では、「年」「四半期」「開催日」の3つのボタン）が追加されます。シートには年単位の見出しが表示されます。

❽「金額」を［値］ボックスにドラッグします。

※金額の合計が「値」の領域に表示され、**図表2-2-22**のようなピボットテーブルが完成します。

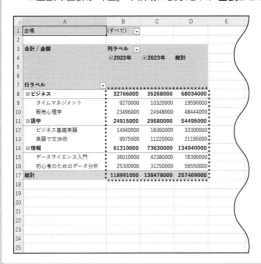
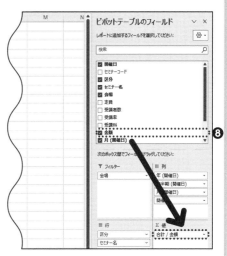

✏️**memo**

　複数年分のレコードを持つデータベースでは、日付のフィールドを「行ラベル」や「列ラベル」に追加すると、手順❼のように、自動で「年」「四半期」「月」の3階層でグループ化され、ボックス内に階層のボタンが追加されます。

　なお、グループ化を後から設定するには、対象となるフィールドの任意のセルをクリックし、さらに、［ピボットテーブル分析］－［グループの選択］をクリックして、［グループ化］ダイアログボックスで内容を指定します。

(2) 集計方法を変更する

ピボットテーブルの初期設定では、数値のフィールドを［値］ボックスにドラッグすると、合計が求められます。また、文字列のフィールドを［値］ボックスにドラッグすると、データの個数が求められます。以下、他の集計結果を求めるために集計方法を「平均」に変更する手順を解説します。

手順

❶ピボットテーブルの「値」の領域で任意の集計値のセルを右クリックし、［値フィールドの設定］を選択します。

❷［値フィールドの設定］ダイアログボックスで、［集計方法］タブから集計の方法（ここでは「平均」）を選択して、［OK］をクリックします。

図表2-2-23 集計方法を平均に変更したピボットテーブル

	A	B	C	D
1	会場	(すべて) ▼		
2				
3	平均 / 金額	列ラベル ▼		
4		⊞2022年	⊞2023年	総計
5				
6				
7	行ラベル ▼			
8	⊟ビジネス	461492.9577	503828.5714	482510.6383
9	タイムマネジメント	264857.1429	294857.1429	279857.1429
10	販売心理学	652666.6667	712800	682309.8592
11	⊟語学	355928.5714	422571.4286	389250
12	ビジネス基礎英語	426857.1429	510000	469014.0845
13	英語で交渉術	285000	330000	307173.913
14	⊟情報	1005081.967	1132769.231	1070952.381
15	データサイエンス入門	1241724.138	1412666.667	1328644.068
16	初心者のためのデータ分析	790625	892857.1429	844029.8507
17	総計	589064.3564	675502.439	632601.9656

✎memo

集計値の表示形式を変更するには、［値フィールドの設定］ダイアログボックスで［表示形式］をクリックし、［セルの書式設定］ダイアログボックスで［分類］から「数値」を選択します。［小数点以下の桁数］で小数点以下の表示桁を指定でき、［桁区切りを使用する］をONにすると桁区切りの「,」を表示できます。

（3）集計結果を抽出する

ピボットテーブルの集計結果から一部の内容を抽出するには、「フィルター」ボックスにフィールドを追加して、抽出したいアイテムを選択します。以下、**図表2-2-22**で「フィルター」に設定した「会場」フィールドを使用して抽出を行う手順を解説します。

手 順

❶**図表2-2-22**のセルB1の▼をクリックします。

❷一覧から抽出したい会場名（ここでは「丸の内」）を選択して、［OK］をクリックします。

※［複数のアイテムを選択］チェックボックスをONにすると、複数項目で抽出できます。

※「行ラベル」や「列ラベル」のセルの▼をクリックすると、行見出しや列見出しに指定したフィールドの内容で抽出できます。

※抽出を解除するには、［データ］-［クリア］をクリックします。

図表2-2-24　フィルターで抽出したピボットテーブル

	A	B	C	D	E
1	会場	丸の内			
2					
3	合計 / 金額	列ラベル			
4		⊞2022年	⊞2023年	総計	
5					
6					
7	行ラベル				
8	⊟ビジネス	11466000	11664000	23130000	
9	タイムマネジメント	2490000	2820000	5310000	
10	販売心理学	8976000	8844000	17820000	
11	⊟語学	7995000	9240000	17235000	
12	ビジネス基礎英語	5580000	6660000	12240000	
13	英語で交渉術	2415000	2580000	4995000	
14	⊟情報	18250000	22940000	41190000	
15	データサイエンス入門	13650000	15990000	29640000	
16	初心者のためのデータ分析	4600000	6950000	11550000	
17	総計	37711000	43844000	81555000	
18					

8 置換の使用方法　レベル ★★★

置換とは、特定の文字列や数値を検索して、別のデータに置き換える機能です。置換を使用すれば、手作業の場合のような修正漏れがありません。また、置換された件数をメッセージで確認できます。

以下、「セミナー開催データ」表の「セミナー名」フィールドに「データ」と「データー」という2種類の表現が混在しているため、すべての「データー」を「データ」に置換して、表現を統一する手順を解説します。

手順

● 「置換.xlsx」を使って、操作を確認できます。

❶ 「開催データ（統一前）」シートの任意のセルをクリックし、［ホーム］－［検索と選択］－［置換］をクリックします。

※初期設定では、置換の対象範囲はシート全体です。一部のセルだけを対象に置換を行う場合は、あらかじめセル範囲を選択しておきましょう。

❷ ［検索と置換］ダイアログボックスの［置換］タブで、［検索する文字列］に「データー」と入力し、［置換後の文字列］に「データ」と入力します。

❸ ［すべて置換］をクリックします。

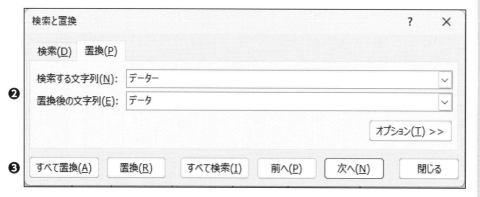

❹置換された件数のメッセージを確認して、［閉じる］をクリックします。

※ここでは「3件を置換しました」というメッセージが表示されます。

✎memo

　［置換後の文字列］を空欄にして［すべて置換］をクリックすると、［検索する文字列］に指定した文字を一括で削除できます。データベースリストなどから不要な文字をまとめて削除したい場合に便利です。

✎memo

[オプション] をクリックすると、[検索と置換] ダイアログボックスが下に拡張され、詳細な条件を設定できるようになります。

❶ [検索場所]：初期設定は「シート」だが、「ブック」を選択すると、ファイル全体を対象に検索と置換を実行可能

❷ [大文字と小文字を区別する]：ONにすると、[検索する文字列] に入力された英字の大文字・小文字が一致するものだけを置換

❸ [セル内容が完全に同一であるものを検索する]：ONにすると、セルの内容が [検索する文字列] に入力された検索語と完全に一致するものだけを置換

❹ [半角と全角を区別する]：ONにすると、[検索する文字列] に入力された検索語の半角・全角が一致するものだけを置換

---

9 フラッシュフィルの使用方法　　レベル ★★★

　フラッシュフィルとは、データの規則性を認識してデータをフィールドに自動入力する機能です。フラッシュフィルを使用すると、1つの列のデータを2列に切り離したり、逆に、2つの列のデータを1列に結合したりすることができます。

　以下、氏名が入力されたA列のデータを2列に分けて、B列に姓・C列に名前を、自動的に入力する手順を解説します。

手順

● 「フラッシュフィル.xlsx」を使って、操作を確認できます。

❶データの法則をExcelに認識させるために、先頭のデータ1、2件を手作業で入力します。ここでは、セルB2に「北原」と入力し、セルC2に「隆」と入力します。
※セルA2の姓と名の文字列をコピーしてもよいです。

❷セルB1:B18の任意のセルをクリックし、[データ] － [フラッシュフィル] を

クリックします。

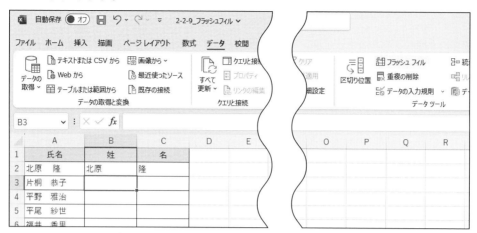

※フラッシュフィルが実行され、セルB3:B18に姓が自動で入力されます。

※フラッシュフィル実行後に表示された 🔳 をクリックすると、フラッシュフィルの結果を解除できます。

	A	B	C	D	E	F	G
1	氏名	姓	名				
2	北原　隆	北原	隆				
3	片桐　恭子	片桐					
4	平野　雅治	平野	🔳				
5	平尾　紗世	平尾					
6	福井　香里	福井					
7	風間　巧	風間					
8	冨山　康隆	冨山					

❸セルC3をクリックし、[データ]-[フラッシュフィル]をクリックします。

※セルC3:C18に名前が自動入力されます。

	A	B	C	D	E	F	G
1	氏名	姓	名				
2	北原　隆	北原	隆				
3	片桐　恭子	片桐	恭子				
4	平野　雅治	平野	雅治	🔳			
5	平尾　紗世	平尾	紗世				
6	福井　香里	福井	香里				
7	風間　巧	風間	巧				
8	冨山　康隆	冨山	康隆				

✎memo

　一貫したルールが認識しにくいなど、データの内容によってはフラッシュフィルで正しく列の分割や結合ができない場合があります。文字列操作の関数なども適宜利用しましょう。

10 ▶ 重複の削除の使用方法　　　レベル ★★★

　重複の削除とは、データベース内で重複するレコードを削除する機能です。重複の削除を使用すると、効率的で間違いがありません。指定したフィールドの内容を比較して重複と判定されると、同一内容を持つレコードのうち、最初に出現するレコードだけが残り、2番目以降に出現するレコードは強制的に削除されます。削除されたレコードの件数と、削除後に残ったレコードの件数は、操作後のメッセージで確認できます（手順❸参照）。

手順

● 「重複の削除.xlsx」を使って、操作を確認できます。

❶ 「会員データ」シートの表内の任意のセルをクリックし、［データ］－［重複の削除］をクリックします。

※表には20件のレコードがあります。なお、結果を確認しやすくするために、重複するレコードには塗りつぶしの色を設定しています。

❷ ［重複の削除］ダイアログボックスで、同一の場合に重複と判定するフィールドのチェックボックスをONにします。ここでは、「会員番号」以外のフィールドがすべて同じレコードを重複とみなすため、「会員番号」チェッ

クボックスだけをOFFにして、［OK］をクリックします。

※すべてのフィールドが同じ場合を重複と判断する場合は、［すべて選択］をクリックします。

❸重複するレコードの行が削除され、メッセージが表示されます。

※ここでは、3件の重複するレコードが削除され、17件のレコードが残ります。メッセージには、「3個の重複する値が見つかり、削除されました。17個の一意の値が残ります。」と表示されます。

	A	B	C	D	E
1	会員番号	氏名	性別	年齢	電話番号
2	1013	衣川 新次	男	32	090-1245-2456
3	1015	久保 義郎	男	31	090-2178-1461
4	1021	黒瀬 美樹	女	30	090-3111-2466
5	1022	小西 裕子	女	27	090-4044-7572
6	1024	高橋 行雄	男	26	090-4977-2577
7	1050	谷垣 昌也	男	28	090-5910-2582
8	1055	谷口 匡子	女	23	090-6843-2587
9	1061	辻 海晴	男	29	090-7776-8592
10	1066	戸川 敦司	男	34	090-8709-2496
11	1068	中村 晶子	女	30	090-9642-2501
12	1071	野口 尚行	男	24	090-1969-2607
13	1072	広川 尚樹	男	26	090-2902-3511
14	1077	堀 愛美	女	33	090-3835-2516
15	1080	松井 美鈴	女	32	090-4768-3521
16	1084	宮前 涼子	女	31	090-5701-4726
17	1090	矢口 美菜	女	28	090-5634-2632
18	1099	矢野 荘介	男	27	090-7567-2630
19					
20					
21					
22					

Microsoft Excel ✕

ⓘ 3 個の重複する値が見つかり、削除されました。17 個の一意の値が残ります。カウントには空のセルやスペースなどが含まれる場合があることに注意してください。

[OK]

✎**memo**

　「重複の削除」では、削除対象とみなされたレコードを削除前に確認したり、削除するかどうかをレコード単位で指定したりすることはできません。

2-3 集計・編集・修正問題課題

課題 01

レベル ★★

あなたは、ある自動車販売会社の営業部に所属しています。

上司から「営業部全体の年間の新車販売状況を集計してほしい」と業務を依頼されました。

「販売状況一覧.xlsx」を利用して、設問1〜2を解答しなさい。

販売状況一覧.xlsxの構成

・「年間集計」シート…上半期と下半期の販売状況を集計する

社員番号	氏名	所属	販売台数	売上金額（万円）

・「上半期」シート…上半期の販売状況一覧

社員番号	氏名	所属	販売台数	売上金額（万円）

・「下半期」シート…下半期の販売状況一覧

社員番号	氏名	所属	販売台数	売上金額（万円）

解答は「2章課題_01.xlsx」の解答欄に入力し、上書き保存しなさい。

なお、解答欄への入力は、すべて直接入力で行い、数値は半角で入力するものとする。

●設問1

「年間集計」シートの「年間販売状況」表に、「上半期」シートと「下半期」シートの販売状況を社員ごとに集計し、年間の売上金額が最も大きい社員の社員番号と売上金額の合計を求めなさい。

なお、「上半期販売状況」表、「下半期販売状況」表のデータは、社員番号と氏名、所属についてすべて一致している。

●設問2

設問1で集計した「年間販売状況」表から、第1営業部、第2営業部のそれぞれの人数と販売台数の合計を求めなさい。

● 設問1 解答例 「コピー」と「形式を選択して貼り付け」の「加算」を利用する

💡 考え方

「上半期」シートと「下半期」シートの2つの表の内容を、「年間集計」シートに合算します。

「上半期」シートと「下半期」シートの2つの表のデータは、社員番号や氏名、所属の情報がすべて一致しています。そこでまず、2つの表を社員番号の昇順で並べ替えて、データの並び順を揃えておきます。

また、2枚のシートの列見出しの並びは同じです。「上半期」シートと「下半期」シートの同じセル番地の数値同士を加算すれば、社員ごとに販売台数と売上金額の年間合計を求められます。

統合や3D集計で行うこともできますが、その場合、文字データ（氏名、所属など）は別にコピーする必要があります。

そこで、ここでは社員番号欄、氏名欄、所属欄のコピーと数値の合算の両方を効率よく行うために、「形式を選択して貼り付け」の「加算」を利用します。

最後に、合算した「年間集計」シートのデータを売上金額の降順で並べ替え、年間の売上金額が最も大きい社員番号と合計売上金額を求めます。

・「上半期」シート

	A	B	C	D	E
1	上半期販売状況				
3	社員番号	氏名	所属	販売台数	売上金額（万円）
4	T0528	松林　慎也	第2営業部	42	33,610
5	T0601	堀田　孝史	第2営業部	35	20,420
6	T0608	阿部　美鈴	第1営業部	33	22,950
7	T0703	秋田　真紀	第1営業部	38	21,490
8	T0723	南条　真司	第2営業部	13	30,110
9	T0733	尾崎　憲五	第1営業部	54	27,380

・「下半期」シート

	A	B	C	D	E
1	下半期販売状況				
3	社員番号	氏名	所属	販売台数	売上金額（万円）
4	T0528	松林　慎也	第2営業部	33	21,080
5	T0601	堀田　孝史	第2営業部	26	9,840
6	T0608	阿部　美鈴	第1営業部	26	17,020
7	T0703	秋田　真紀	第1営業部	32	14,480
8	T0723	南条　真司	第2営業部	8	11,310
9	T0733	尾崎　憲五	第1営業部	44	17,920

・「年間集計」シート

	A	B	C	D	E
1	年間販売状況				
3	社員番号	氏名	所属	販売台数	売上金額（万円）
4	T0528	松林　慎也	第2営業部	75	54,690
5	T0601	堀田　孝史	第2営業部	61	30,260
6	T0608	阿部　美鈴	第1営業部	59	39,970
7	T0703	秋田　真紀	第1営業部	70	35,970
8	T0723	南条　真司	第2営業部	21	41,420
9	T0733	尾崎　憲五	第1営業部	98	45,300

操作手順

❶「上半期」シートと「下半期」シートの販売状況一覧表を、「社員番号」の「昇順」で並べ替えます。

❷「上半期」シートのセルA4:E123をコピーして、「年間集計」シートのセルA4を先頭に貼り付けます。

※社員番号、氏名、所属と、合算する上半期の販売台数、売上金額が、「年間集計状況」表にコピーされます。

❸「下半期」シートの販売台数と売上金額のセルD4:E123を選択して、コピーします。

※合算させるデータのセルをコピーします。

❹「年間集計」シートのセルD4をクリックして、[ホーム]－[貼り付け✔]－[形式を選択して貼り付け]をクリックします。

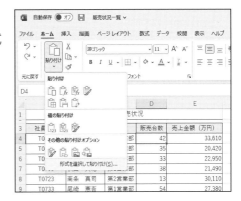

❺[形式を選択して貼り付け]ダイアログボックスの[演算]で「加算」を選択して、[OK]をクリックします。

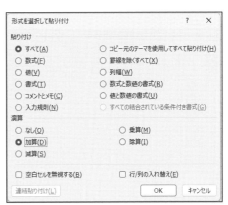

❻セルD4:E123に表示された上半期の販売台数と売上金額に、下半期の数字が加算された結果が貼り付けられます。

❼ 「年間集計」シートの「年間販売状況」表を「売上金額」の「降順」で並べ替えます。
※先頭行に、売上金額が最も大きいデータが表示されます。この社員番号と売上金額を解答欄に転記します。

● 設問1　別解①　販売台数と売上金額を統合で合計する（エキスパート級スキル標準の機能）

🔍 考え方

　複数の表の合算は、統合機能を使うこともできます。社員番号を基準にして、販売台数と売上金額を合計することができますが、氏名は別にコピーする必要があるため、社員番号の昇順に並べ替えて、データの並び順を揃えておきます。

　並び順を揃えると、セルの位置による統合ができますが、この別解では、社員番号のコピーを省略するため、左端列を基準にして統合を行いましょう。

👆 操作手順

❶ 「上半期」シートと「下半期」シートの販売状況一覧表で社員番号順に並べ替えを行った後、「年間集計」シートのセルA4を選択して、［データ］－［統合］をクリックします。

❷ ［統合の設定］ダイアログボックスの［集計の方法］で「合計」を選択します。

❸ ［統合元範囲］ボックスに、「上半期」シートのセルA4:E123をドラッグして指定し、［追加］をクリックします。
※ ［統合元］ボックスに、「上半期!$A$4:$E$123」が表示されます。

❹続いて「下半期」シートのシート名をクリックし、［統合元範囲］ボックスに、「下半期!$A$4:$E$123」と表示されたら［追加］をクリックします。
※ ［統合元］ボックスに、「下半期!$A$4:$E$123」が表示されます。

❺ ［統合の基準］の［左端列］チェックボックスをONにして、［OK］をクリックします。

※「社員番号」を基準に、「販売台数」と「売上金額」の合計された値が表示されます。

	A	B	C	D	E
1	年間販売状況				
3	社員番号	氏名	所属	販売台数	売上金額（万円）
4	T0528			75	54,690
5	T0601			61	30,260
6	T0608			59	39,970
7	T0703			70	35,970
8	T0723			21	41,420

❻ 「上半期」シートの「氏名」と「所属」のセルB4:C123を選択してコピーし、「年間集計」シートのセルB4に貼り付けます。

	A	B	C	D	E
1	年間販売状況				
3	社員番号	氏名	所属	販売台数	売上金額（万円）
4	T0528	松林　慎也	第2営業部	75	54,690
5	T0601	塩田　孝史	第2営業部	61	30,260
6	T0608	阿部　美鈴	第1営業部	59	39,970
7	T0703	秋田　真紀	第1営業部	70	35,970
8	T0723	南条　真司	第2営業部	21	41,420

● 設問1　別解② 販売台数と売上金額を3D集計で求める（エキスパート級スキル標準の機能）

考え方

「3D集計」を利用すると、異なるシートの同じセル番地の数値を一気に合計できます。設問1では、集計の対象となるシートが2枚だけのため、数式を手作業で入力するのと手間はさほど変わりませんが、3枚以上のシートの同じセル番地を合計したい場合は、3D集計のほうが明らかに効率的です。

操作手順

❶ 「上半期」シートと「下半期」シートの販売状況一覧表で社員番号順に並べ替えを行った後、「上半期」シートのセルA4:C123（社員番号、氏名、所属）をコピーして、「年間集計」シートのセルA4:C123に貼り付けます。

❷ 「年間集計」シートのセルD4を選択して、［ホーム］-［Σ オートSUM］をクリックします。

※数式バーに「=SUM()」と表示されます。

❸シート名「上半期」、セルD4の順にクリックします。

※数式バーの表示が「=SUM(上半期！D4)」に変わります。

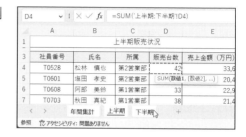

❹Shiftキーを押しながらシート名「下半期」をクリックして確定します。

※「=SUM('上半期:下半期'!D4)」という数式が入力されます。

❺セルD4をセルD123までコピーします。続けて、セルD4:D123が選択された状態で、列Eまでコピーします。

● 設問2 　解答例 オートカルクで人数と販売台数の合計を求める

考え方

第1営業部、第2営業部の所属別に、社員の人数および販売台数の合計をすばやく求めるには、オートカルクが効率的です。オートカルクをスムーズに使うために、並べ替えを利用して、選択対象となるセルをあらかじめ一箇所にまとめておきます。

操作手順

❶「年間集計」シートの「年間販売状況」表を「所属」の「昇順」で並べ替えます。

※第1営業部、第2営業部の順に社員のデータが並びます。

❷第1営業部の社員の販売台数のセルD4:D60を範囲選択します。

※ステータスバーに表示された「データの個数」（または「数値の個数」）で第1営業部の社員の人数を、「合計」で販売台数の合計を同時に求められます。

※「データの個数：57」、「合計：3198」と表示されます。この値を解答欄に転記します。

9	T0970	塚田　津美	第1営業部	51	37930	
10	T1082	冨山　康隆	第1営業部	54	50520	
11	T1126	谷上　泰江	第1営業部	47	34270	
12	T1440	松本　文雄	第1営業部	33	35130	

〈 　〉　　年間集計　　上半期　　下半期　　＋

準備完了　　アクセシビリティ: 問題ありません　　　　　平均: 56.10526316　データの個数: 57　合計: 3198

❸第2営業部の社員の販売台数のセルD61:D123を範囲選択します。

※同様に、第2営業部の社員の人数と販売台数の合計が求められます。

● **設問2**　別解　COUNTIF関数とSUMIF関数で人数と販売台数の合計を求める

考え方

　第1営業部と第2営業部の人数と販売台数の合計は、関数を使って求めることもできます。所属別の人数はCOUNTIF関数で、販売台数の合計はSUMIF関数でそれぞれ求められます。

操作手順

❶任意のセル(ここではG4、G5)に、C列から「第1営業部」と「第2営業部」と入力されたセルをコピーしておきます。

※COUNTIF関数とSUMIF関数の引数「検索条件」に利用します。
※文字列を直接入力することもできますが、コピーを利用すれば、入力ミスによる関数のエラーを防ぐことができます。

❷任意のセル(ここではH4)に、COUNTIF関数の式を「=COUNTIF($C$4:$C$123,G4)」と入力し、下にコピーします。

※第1営業部と第2営業部の人数が求められます。

❸任意のセル(ここではI4)に、SUMIF関数の式を「=SUMIF($C$4:$C$123,G4,$D$4:$D$123)」と入力し、下にコピーします。

※第1営業部と第2営業部の販売台数の合計が求められます。

	A	B	C	D	E	F	G	H	I	J
1		年間販売集計								
3	社員番号	氏名	所属	販売台数	売上金額（万円）			人数	販売台数合計	
4	T0528	松林　慎也	第2営業部	75	54,690		第1営業部	57	3,198	
5	T0601	塩田　孝史	第2営業部	61	30,260		第2営業部	63	3,251	
6	T0608	阿部　美鈴	第1営業部	59	39,970					
7	T0703	秋田　真紀	第1営業部	70	35,970					
8	T0723	南条　真司	第2営業部	21	41,420					

=COUNTIF($C$4:$C$123,G4)　　　　=SUMIF($C$4:$C$123,G4,$D$4:$D$123)

61

あなたは、あるハウスクリーニング会社に所属しています。

上司から「第2四半期のスタッフの勤務状況をまとめて欲しい」と業務を依頼されました。

「問題1」フォルダー内の「勤務管理表.xlsx」を使用して、設問1〜2を解答しなさい。

勤務管理表.xlsx の構成

・「勤務表」シート … 4月から6月の出勤状況を一覧にしたデータ

日付	出勤者のスタッフ番号

・「スタッフリスト」シート … スタッフの情報を一覧にしたデータ

スタッフ番号	氏名	性別	年齢	日給

解答は「2章課題_02.xlsx」の解答欄に入力し、上書き保存しなさい。

なお、解答欄への入力は、すべて直接入力で行い、数値は半角で入力するものとする。

● **設問1**

「第2四半期勤務管理表」から日付ごとの出勤者数を算出し、第2四半期の出勤者の延べ人数と、出勤者が6人以下だった日数を求めなさい。

● **設問2**

「登録スタッフ一覧表」と「第2四半期勤務管理表」からスタッフごとの出勤日数を算出し、日給を掛けて給与額を算出しなさい。結果から、給与額の最大値と最小値の差額を求めなさい。

課題 02　解 説　解説と操作手順

● 設問1　解答例　COUNT関数とフィルターで人数と日数を求める

考え方

　「第2四半期勤務管理表」は、B列に日付が入力され、C〜L列に出勤したスタッフ番号が1行に並びます。このようなレイアウトの表を基に、「出勤者の延べ人数」と「出勤者が6人以下だった日数」を効率よく求める方法を考えてみましょう。

　日付ごとの出勤者の人数は、スタッフ番号が入力されたセルの個数を数えれば求められます。

　「出勤者の延べ人数」だけを求めるなら、スタッフ番号が入力されたセルをまとめて範囲選択し、オートカルクでステータスバーに表示された「数値の個数」を確認するのが簡単です。ただし、ここでは「日付ごとの出勤者を算出し」とあるため、COUNT関数を用います。

　表の右の列にCOUNT関数を入力して、それぞれの日の出勤スタッフの人数を求めます。このCOUNT関数の計算結果を合計すれば、出勤者の延べ人数を求められます。

　さらに、フィルター機能を使って、「人数」フィールドが6以下のレコードを抽出すれば、出勤者が6人以下だった日数を割り出せます。

COUNT関数でスタッフ番号のセルの個数を求める。
=COUNT（C4:L4）

日付 ▼	出勤者のスタッフ番号									▼	人数 ▼
4月1日	1099	1125	1129	1132	1142	1179					6
4月2日	1024	1055	1084	1099	1105	1120	1137	1172			8
4月3日	1015	1066	1068	1071	1107	1129	1132	1142	1160		9
4月4日	1013	1055	1068	1072	1099	1140	1149	1153	1172	1176	10
4月5日	1021	1066	1118	1129	1132	1160	1162	1176			8
4月6日	1015	1055	1072	1114	1120	1165	1172				7

出勤者が6人以下の日数=
ここに含まれる6以下のレコードの個数を求める。

延べ人数=この数値を合計する。

操作手順

❶「勤務表」シートのセルM4に、COUNT関数の式を「=COUNT（C4:L4）」と入力し、セルM94までコピーします。

※4月1日から6月30日までの各営業日の出勤スタッフの人数が求められます。

	A	B	C	D	E	F	G	H	I	J	K	L	M	N
1		第2四半期勤務管理表												
2														
3		日付					出勤者のスタッフ番号							
4		4月1日	1099	1125	1129	1132	1142	1179					6	
5		4月2日	1024	1055	1084	1099	1105	1120	1137	1172			8	
6		4月3日	1015	1066	1068	1071	1107	1129	1132	1142	1160		9	
7		4月4日	1013	1055	1068	1072	1099	1140	1149	1153	1172	1176	10	
8		4月5日	1021	1066	1118	1129	1132	1160	1162	1176			8	
9		4月6日	1015	1055	1072	1114	1120	1165	1172				7	
10		4月7日	1021	1072	1090	1107	1114	1165	1179				7	
11		4月8日	1072	1061	1080	1099	1137	1155	1157	1160	1165	1176	10	
12		4月9日	1021	1024	1050	1061	1103	1114	1139	1149	1153	1176	10	

❷延べ人数をオートカルクで求めます。セルM4:M94を範囲選択し、ステータスバーに表示された「合計」の数値を確認します。

※「合計：743」と表示されます。この値を解答欄に転記します。

1066	1068	1071	1103	1107	1129	1142	1160		9
1055	1068	1072	1080	1099	1140	1153	1172	1176	10
1021	1050	1066	1118	1132	1149	1176			8
1142	1072	1114	1118	1120	1165				7
1072	1090	1103	1107	1114	1165	1179			8

ップリスト　＋　　　　　　　　　　：◀ーーーーーーーーーーーーーーー
平均: 8.164835165　データの個数: 91　最小値: 5　最大値: 10　合計: 743　田　回　凹　－　　ー■ー　＋

❸フィルター機能を使って、出勤者が6人以下の日数を求めます。セルM3に任意のフィールド名（ここでは「人数」）を入力しておき、表内の任意のセルをクリックし、［データ］－［フィルター］をクリックします。

❹セルM3（「人数」フィールド）の▼をクリックし、［数値フィルター］－［指定の値以下］をクリックします。

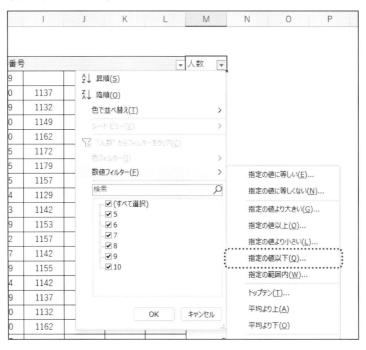

❺ [カスタムオートフィルター] ダイアログボックスで、右上の欄に「6」と入力し、[OK] をクリックします。

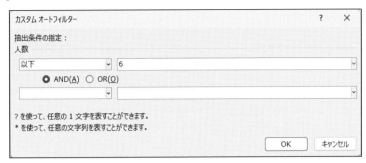

❻ステータスバーで抽出されたレコード件数を確認します。

※6件のレコードが抽出されます。この件数を解答欄に転記します。

● 設問1 別解 延べ人数と出勤者6人以下の日数を関数で求める

考え方

　確認のために集計値をセルに残しておきたい場合は、関数を使用しましょう。

　出勤者の延べ人数は、SUM関数を使って求められます。同様に、出勤者が6人以下の日数は、COUNTIF関数を使って求めることが可能です。

操作手順

❶任意のセル（ここではM1）に、SUM関数の式を「=SUM(M4:M94)」と入力します。

※「人数」フィールドの合計が求められます。

❷任意のセル（ここではP1）に、COUNTIF関数の式を「=COUNTIF(M4:M94,"<=6")」と入力します。

※「人数」フィールドの数値が6以下であるセルの個数が求められます。

$$=COUNTIF(M4:M94,"<=6")$$
$$=SUM(M4:M94)$$

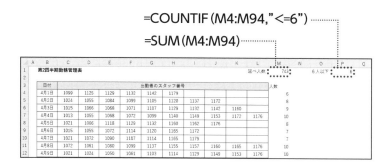

	日付					出勤者のスタッフ番号						延べ人数	743	6人以下	6	
												人数				
4	4月1日	1099	1125	1129	1132	1142	1179					6				
5	4月2日	1024	1055	1084	1099	1105	1120	1137	1172			8				
6	4月3日	1015	1066	1068	1071	1107	1129	1132	1142	1160		9				
7	4月4日	1013	1055	1068	1072	1099	1140	1149	1153	1172	1176	10				
8	4月5日	1021	1066	1118	1129	1132	1160	1162	1176			8				
9	4月6日	1015	1055	1072	1114	1120	1165	1172				7				
10	4月7日	1021	1072	1090	1107	1114	1165	1179				7				
11	4月8日	1072	1061	1080	1099	1137	1155	1157	1160	1165	1176	10				
12	4月9日	1021	1024	1050	1061	1103	1114	1129	1149	1153	1176	10				

●設問2 解答例 COUNTIF関数で給与を求める

考え方

　設問2では、「登録スタッフ一覧表」と「第2四半期勤務管理表」の2つの表を基に、各スタッフの給与額を求め、最大値と最小値の差額を解答します。

　給与は、「日給×出勤日数」で計算します。日給は、「登録スタッフ一覧表」のF列に入力された値を利用できますが、出勤日数は未集計です。そこでまず、G列に出勤日数を集計しましょう。

　出勤日数の集計には、COUNTIF関数を利用します。「登録スタッフ一覧表」の「スタッフ番号」の値が、「勤務表」シートの「出勤者のスタッフ番号」全体でいくつのセルに入力されているのかを、COUNTIF関数で求めます。求めた勤務日数に日給を掛け算し、給与を計算します（H列）。

　最後に、オートカルクを利用してH列の給与の金額の最大値と最小値を調べて、その差額を数式で求めましょう。

・第2四半期勤務管理表　※「勤務表」シート

	日付					出勤スタッフ番号					
4	4月1日	1099	1125	1129	1132	1142	1179				
5	4月2日	1024	1055	1084	1099	1105	1120	1137	1172		
6	4月3日	1015	1066	1068	1071	1107	1129	1132	1142	1160	
7	4月4日	1013	1055	1068	1072	1099	1140	1149	1153	1172	1176
8	4月5日	1021	1066	1118	1129	1132	1160	1162	1176		
9	4月6日	1015	1055	1072	1114	1120	1165	1172			

❶COUNTIF関数で販売数を求める。
=COUNTIF(勤務表!$C$4:$L$94,B4)

❷給与を求める。
=F4*G4

・登録スタッフ一覧表

	スタッフ番号	氏名	性別	年齢	日給	出勤日数	給与	
4	1013	衣川　新次	男	32	8,500	19	161,500	
5	1015	久保　義郎	男	31	8,500	24	204,000	
6	1021	黒瀬　美樹	女	30	8,400	24	201,600	
7	1022	小西　祐子	女	27	8,400	16	134,400	

❸給与の最大値と最小値の差額を求める。

☞ **操作手順**

❶出勤日数を求めます。「登録スタッフ一覧表」のセルG4にCOUNTIF関数の式を「=COUNTIF（勤務表!$C$4:$L$94,B4）」と入力し、セルG94までコピーします。

※セルG3には、フィールド名を「出勤日数」と入力しておきます。

※引数「範囲」には、「勤務表」シートのセルC4:L94を絶対参照で指定します。

※「登録スタッフ一覧表」のB列に入力した「スタッフ番号」を「勤務表」シートのセルC4:L94で検索して、出勤日数が求められます。

❷給与を求めます。セルH4に「=F4*G4」と入力し、セルH94までコピーします。

※セルH3には、フィールド名を「給与」と入力しておきます。

❸給与の最大値と最小値をオートカルクで調べます。セルH4:H43を範囲選択し、ステータスバーに表示された「最大値」「最小値」の数値を目視で確認します。

※「最大値：210600」「最小値：93600」と表示されます。

※既定の設定では、ステータスバーに「最大値」「最小値」は表示されません。第6章第2節第1項を参考にし、設定してください。

38	1160	伊田　貴志	男	22	7,200	14	100800
39	1162	岩瀬　夏喜	女	28	7,200	13	93600
40	1165	梅原　康弘	男	33	7,200	17	122400
41	1172	大谷　晴香	女	29	7,100	19	134900
42	1176	奥村　彰	男	23	7,000	25	175000
43	1179	梶村　元	男	25	7,000	18	126000
44							

< > 問題1 スタッフリスト スタッフリスト (2) 勤務表 +

準備完了　　　　平均: 144995　データの個数: 40　最小値: 93600　最大値: 210600　合計: 5799800

❹目視で確認した最大値と最小値の差額を求めます。空いたセル（ここではI1）に数
式を「=210600－93600」と入力します。

※求められた値を解答欄に転記します。

=210600－93600

	A	B	C	D	E	F	G	H	I	J
1		登録スタッフ一覧表						差	117000	
2										
3		スタッフ番号	氏名	性別	年齢	日給	出勤日数	給与		
4		1013	衣川　新次	男	32	8,500	19	161500		

●設問2　別解　給与の最大値・最小値をMAX関数・MIN関数で求める

考え方

　目視で確認したオートカルクの数値を直接入力すると、ミスをする可能性があります。特に、桁の大きい数値の場合は、入力時に転記ミスをしないよう注意が必要です。ミス防止のためのコピー（値貼り付け）の方法は、第6章第2節第1項を参照してください。

　給与の最大値はMAX関数、最小値はMIN関数でそれぞれ求められます。これを利用して差分を求める数式に、直接関数を指定することもできます。

操作手順

❶空いたセル（ここではI1）に差分を求める数式を「=MAX（H4:H43）-MIN（H4:H43）」
　と入力します。

=MAX（H4:H43）-MIN（H4:H43）

	A	B	C	D	E	F	G	H	I	J
1		登録スタッフ一覧表						差	117,000	
2										
3		スタッフ番号	氏名	性別	年齢	日給	出勤日数	給与		
4		1013	衣川　新次	男	32	8,500	19	161,500		

課題 03

あなたは、あるオフィス家具メーカーの営業部に所属しています。

上司から「7月度の売上状況を集計して欲しい」と業務を依頼されました。

「商品販売リスト.xlsx」を利用して、設問1〜2を解答しなさい。

商品販売リスト.xlsxの構成

・「商品リスト」シート…商品の情報を一覧にしたデータ

商品番号	商品名	売上単価	原価単価

・「販売リスト」シート…7月度の販売状況を一覧にしたデータ

伝票No.	日付	得意先名	商品番号	販売数

解答は「2章課題_03.xlsx」の解答欄に入力し、上書き保存しなさい。

なお、解答欄への入力は、すべて直接入力で行い、数値は半角で入力するものとする。

● 設問1

「商品リスト」シートと「販売リスト」シートから商品ごとに売上金額を算出し、売上金額の総計を求めなさい。

● 設問2

商品ごとに売上利益を算出し、売上利益が低い商品3点の商品名とその売上利益を求めなさい。なお、売上利益は以下の式で求め、計算の結果の値をそのまま用いること。

（「売上単価」－「原価単価」）×「販売数」

● **設問1** 解答例 SUMIF関数で販売数を求めて、売上金額を計算する

💡 **考え方**

　設問1では、「商品一覧表」と「7月度販売リスト」の2つの表を基に、商品ごとに売上金額を求めて、その総計を解答します。

　売上金額は、「売上単価×販売数」で計算します。売上単価は「商品一覧表」のD列に入力されています。商品ごとの販売数は未集計のため、まず、F列に販売数を集計します。

　販売数の集計には、SUMIF関数を利用できます。「商品一覧表」の「商品番号」の値を「販売リスト」シートの「商品番号」フィールドで検索し、該当する「販売数」フィールドの値を合計します。SUMIF関数で求めた販売数に売上単価を掛け算して、G列に売上金額を計算しましょう。

　なお、売上金額の総合計は、SUM関数を使って求める方法とオートカルクで調べる方法の2種類があります。ここでは、数値の桁が大きくなるため、転記ミスを防ぐためにSUM関数で求めます。

・**7月度販売リスト**

	A	B	C	D	E	F	G
1		7月度販売リスト					
2							
3		伝票No.	日付	得意先名	商品番号	販売数	
4		3610001	7/01	スーツの森本	108	17	
5		3610002	7/01	マツダ商会	105	15	
6		3610003	7/01	文具のイトウ	104	15	
7		3610004	7/01	坂田自動車販売	109	13	
8		3610005	7/01	ヨシダ電化	108	6	

❶SUMIF関数で
　販売数を求める。

❷売上金額を
　求める。

・**商品一覧表**

	A	B	C	D	E	F	G	H	I
1		商品一覧表							
2									
3		商品番号	商品名	売上単価	原価単価	販売数	売上金額		
4		101	パソコンデスク	25,800	12,800	120	3,096,000		
5		102	スタンディングデスク	30,900	15,600	166	5,129,400		
6		103	L字型コーナーデスク	21,500	16,200	147	3,160,500		
7		104	システム収納庫	38,500	21,900	163	6,275,500		
8		105	耐火キャビネット	115,200	98,600	179	20,620,800		
9		106	可動棚オープン書庫	48,600	29,400	103	5,005,800		
10		107	木製オープンシェルフ	18,500	11,200	113	2,090,500		
11		108	間仕切りシェルフ	15,800	7,400	109	1,722,200		
12		109	会議用テーブル	61,400	38,600	98	6,017,200		
13		110	折り畳み簡易テーブル	11,900	5,800	137	1,630,300		
14							54,748,200		
15									

❸売上金額の合計
　を求める。

操作手順

❶販売数を求めます。「商品一覧表」のセルF4にSUMIF関数の式を「=SUMIF（販売リスト!$E$4:$E$117,B4,販売リスト!$F$4:$F$117)」と入力し、セルF13までコピーします。

※セルF3には、フィールド名を「販売数」と入力しておきます。

※引数「範囲」には「販売リスト」シートのセルE4:E117を、引数「合計範囲」には同シートのセルF4:F117を、それぞれ絶対参照で指定します。

※「商品一覧表」のB列に入力した「商品番号」を「販売リスト」シートのセルE4:E117で検索して、セルF4:F117から該当する販売数が合計されます。

	A	B	C	D	E	F	G	H
1		商品一覧表						
2								
3		商品番号	商品名	売上単価	原価単価	販売数		
4		101	パソコンデスク	25,800	12,800	120		
5		102	スタンディングデスク	30,900	15,600	166		
6		103	L字型コーナーデスク	21,500	16,200	147		
7		104	システム収納庫	38,500	21,900	163		

❷売上金額を求めます。セルG4に「=D4*F4」と入力し、セルG13までコピーします。

※セルG3には、フィールド名を「売上金額」と入力しておきます。

	A	B	C	D	E	F	G	H
1		商品一覧表						
2								
3		商品番号	商品名	売上単価	原価単価	販売数	売上金額	
4		101	パソコンデスク	25,800	12,800	120	3096000	
5		102	スタンディングデスク	30,900	15,600	166	5129400	
6		103	L字型コーナーデスク	21,500	16,200	147	3160500	
7		104	システム収納庫	38,500	21,900	163	6275500	

❸売上金額の合計を求めます。空いたセル（ここではG14）にSUM関数の式を「=SUM(G4:G13)」と入力します。

※求められた値を解答欄に転記します。

	A	B	C	D	E	F	G	H
1		商品一覧表						
2								
3		商品番号	商品名	売上単価	原価単価	販売数	売上金額	
4		101	パソコンデスク	25,800	12,800	120	3,096,000	
5		102	スタンディングデスク	30,900	15,600	166	5,129,400	
6		103	L字型コーナーデスク	21,500	16,200	147	3,160,500	
7		104	システム収納庫	38,500	21,900	163	6,275,500	
8		105	耐火キャビネット	115,200	98,600	179	20,620,800	
9		106	可動棚オープン書庫	48,600	29,400	103	5,005,800	
10		107	木製オープンシェルフ	18,500	11,200	113	2,090,500	
11		108	間仕切りシェルフ	15,800	7,400	109	1,722,200	
12		109	会議用テーブル	61,400	38,600	98	6,017,200	
13		110	折り畳み簡易テーブル	11,900	5,800	137	1,630,300	
14							54,748,200	
15								

●設問1　別解 販売数をピボットテーブルで集計する（エキスパート級スキル標準の機能）

考え方

　商品ごとに販売数を集計するには、「7月度販売リスト」を基に、ピボットテーブルを作成する方法もあります。

　その場合、「商品一覧表」のデータは商品番号順に並んでいるため、ピボットテーブルでも同じ順序で並ぶように、「行ラベル」エリアには「商品番号」フィールドを指定し、「値」エリアには合計対象となる「販売数」フィールドを指定します。

　なお、ピボットテーブル内のセルは、数式から直接参照することはできません。作成したピボットテーブルの販売数は、「商品一覧表」の右の空いたセルに値貼り付けをして、数式ではそのセルを参照するようにしましょう。

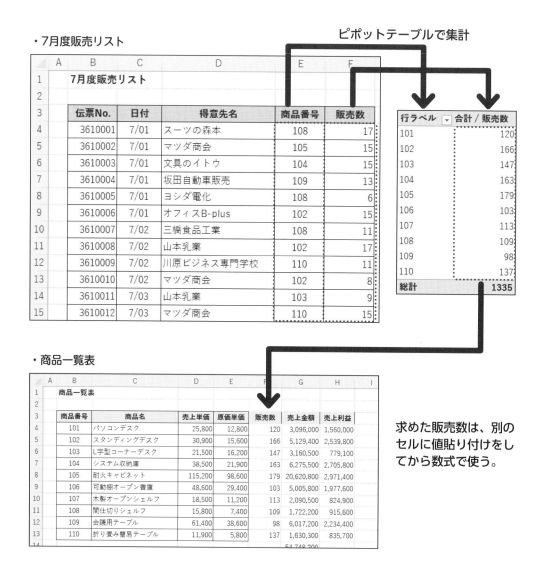

・7月度販売リスト

ピボットテーブルで集計

	A	B 伝票No.	C 日付	D 得意先名	E 商品番号	F 販売数
1		7月度販売リスト				
2						
3		伝票No.	日付	得意先名	商品番号	販売数
4		3610001	7/01	スーツの森本	108	17
5		3610002	7/01	マツダ商会	105	15
6		3610003	7/01	文具のイトウ	104	15
7		3610004	7/01	坂田自動車販売	109	13
8		3610005	7/01	ヨシダ電化	108	6
9		3610006	7/01	オフィスB-plus	102	15
10		3610007	7/02	三橋食品工業	108	11
11		3610008	7/02	山本乳業	102	17
12		3610009	7/02	川原ビジネス専門学校	110	11
13		3610010	7/02	マツダ商会	102	8
14		3610011	7/03	山本乳業	103	9
15		3610012	7/03	マツダ商会	110	15

行ラベル ▼	合計 / 販売数
101	120
102	166
103	147
104	163
105	179
106	103
107	113
108	109
109	98
110	137
総計	1335

・商品一覧表

	A	B 商品番号	C 商品名	D 売上単価	E 原価単価	F 販売数	G 売上金額	H 売上利益	I
1		商品一覧表							
2									
3		商品番号	商品名	売上単価	原価単価	販売数	売上金額	売上利益	
4		101	パソコンデスク	25,800	12,800	120	3,096,000	1,560,000	
5		102	スタンディングデスク	30,900	15,600	166	5,129,400	2,539,800	
6		103	L字型コーナーデスク	21,500	16,200	147	3,160,500	779,100	
7		104	システム収納庫	38,500	21,900	163	6,275,500	2,705,800	
8		105	耐火キャビネット	115,200	98,600	179	20,620,800	2,971,400	
9		106	可動棚オープン書庫	48,600	29,400	103	5,005,800	1,977,600	
10		107	木製オープンシェルフ	18,500	11,200	113	2,090,500	824,900	
11		108	間仕切りシェルフ	15,800	7,400	109	1,722,200	915,600	
12		109	会議用テーブル	61,400	38,600	98	6,017,200	2,234,400	
13		110	折り畳み簡易テーブル	11,900	5,800	137	1,630,300	835,700	
14							54,748,200		

求めた販売数は、別のセルに値貼り付けをしてから数式で使う。

操作手順

❶ 「7月度販売リスト」の任意のセルをクリックし、［挿入］－［ピボットテーブル］
をクリックします。

❷ ［テーブルまたは範囲からのピボットテーブル］ダイアログボックスで「新規ワー
クシート」が選択されていることを確認して、［OK］をクリックします。

　※新規シートが追加され、［ピボットテーブルのフィールド］作業ウィンドウが表示されます。

❸ ［ピボットテーブルのフィールド］作業ウィンドウで、「商品番号」を［行］ボッ
クスにドラッグし、さらに、「販売数」を［値］ボックスにドラッグします。

　※行ラベルに商品番号が表示され、各商品の販売数を合計したピボットテーブルが作成されます。

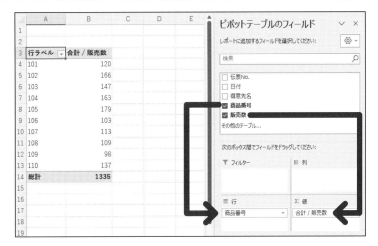

● **設問2**　**解答例** 売上利益を算出し、トップテン機能で抽出する

考え方

　設問2では、商品ごとに売上利益を算出し、売上利益が低い商品3点の商品名と売
上利益を求めます。

　まず、「商品一覧表」の右の列に数式を入力して売上利益を求めます。売上利益は、
「（「売上単価」－「原価単価」）×「販売数」」という計算式で求められます。

　次に、数値フィルターの「トップテン」機能を利用して、売上利益が低い商品3点
を求めます。トップテンとは、「上位○件」「下位○件」のように、取り出したい件数
を指定して、数値の大きさ順に指定した件数分のレコードを抽出する機能です。

　なお、並べ替え機能を使って「売上利益」の低い順にレコードを並べ替える方法も
ありますが、課題03のように、他のシートのセルを数式で参照している表で並べ替
えを実行すると、セル参照が正常に機能しなくなることがあります。並べ替え機能の
利用は避けたほうが無難です。

👆 操作手順

❶売上利益を求めます。セルH4に「=(D4-E4)*F4」と入力し、セルH13までコピーします。

※セルH3には、フィールド名を「売上利益」と入力しておきます。

	A	B	C	D	E	F	G	H	I
1		商品一覧表							
2									
3		商品番号	商品名	売上単価	原価単価	販売数	売上金額	売上利益	
4		101	パソコンデスク	25,800	12,800	120	3,096,000	1,560,000	
5		102	スタンディングデスク	30,900	15,600	166	5,129,400	2,539,800	
6		103	L字型コーナーデスク	21,500	16,200	147	3,160,500	779,100	
7		104	システム収納庫	38,500	21,900	163	6,275,500	2,705,800	
8		105	耐火キャビネット	115,200	98,600	179	20,620,800	2,971,400	

❷フィルター機能を使って、売上利益が低い商品3件を抽出します。表内の任意のセルをクリックし、[データ] － [フィルター] をクリックします。

※フィールド名のセルに▼が表示されます。

❸セルH3（「売上利益」フィールド）の▼をクリックし、[数値フィルター] － [トップテン] をクリックします。

❹[トップテンオートフィルター] ダイアログボックスで、左の欄で「下位」を、中央の欄に「3」を指定し、[OK] ボタンをクリックします。

※「上位」では数値の大きいものから、「下位」では数値の小さいものから、指定した項目数のレコードが抽出されます。

❺抽出された3件のレコードの商品名と売上利益を確認します。

※この商品名と売上利益を解答欄に転記します。

	A	B	C	D	E	F	G	H	I
1		商品一覧表							
2									
3		商品番号	商品名	売上単価	原価単価	販売数	売上金額	売上利益	
6		103	L字型コーナーデスク	21,500	16,200	147	3,160,500	779,100	
10		107	木製オープンシェルフ	18,500	11,200	113	2,090,500	824,900	
13		110	折り畳み簡易テーブル	11,900	5,800	137	1,630,300	835,700	

課題 **04**

あなたは、ある化粧品メーカーの商品管理部に所属しています。

上司から「先月と今月の商品の出庫状況を確認してほしい」と業務を依頼されました。

「出庫状況.xlsx」を利用して、設問1〜2を解答しなさい。

出庫状況.xlsxの構成

・「出庫状況一覧」シート…先月・当月の商品出庫数を一覧にしたデータ

商品番号	先月出庫数	当月出庫数	増分値

・「商品リスト」シート

　「商品リスト」… 商品情報を一覧にしたデータ

商品番号	分類	商品名	単価

　「分類別集計表」… 分類ごとの商品数と当月在庫数を集計する

分類	商品数	当月出庫数

解答は「2章課題_04.xlsx」の解答欄に入力し、上書き保存しなさい。

なお、解答欄への入力は、すべて直接入力で行い、数値は半角で入力するものとする。

● 設問1

「出庫状況一覧」シートの「出庫状況一覧」表の「増分値」を算出し、当月出庫数が先月出庫数よりも増えた商品数を求めなさい。なお、増分値は以下の式で求め、結果の値をそのまま用いること。

　「当月出庫数」－「先月出庫数」

● 設問2

「商品リスト」シートの「分類別集計表」に、分類ごとの商品数と当月出庫数の合計を求めなさい。

なお、「商品リスト」と「出庫状況一覧」のデータは、商品番号についてすべて一致しており、不足、余剰のデータはないものとする。

● 設問1　解答例 増分値から売上が増えた商品数を求める

💡 考え方

　設問1は、「出庫状況一覧」表の出庫数から「増分値」を算出し、当月出庫数が先月出庫数よりも増えた商品数を求めます。

　増分値は、「当月出庫数－先月出庫数」という計算式で求めるため、D列の「増分値」フィールドにこの数式を入力します。

　増分値が0より大きければ、当月出庫数が先月出庫数よりも増えたことを意味します。そこで、数値フィルターを使って、「増分値」フィールドの値が0より大きいレコードを抽出すれば、当月出庫数が増えた商品数を求められます。

	A	B	C	D	H
1	出庫状況一覧				
2					
3	商品番 ▼	先月出庫数 ▼	当月出庫数 ▼	増分値 ▼	
4	BC2222	3,184	3,352	168	
5	BC2456	3,013	3,172	159	
6	BC2844	2,970	3,127	157	
7	BC2232	3,510	2,700	-810	
8	BC2328	2,308	2,430	122	
9	BC2751	4,293	2,385	-1,908	
10	BC2347	2,223	2,340	117	

❶増分値を求める。

❷増分値が0より大きい
レコードを抽出する。

👆 操作手順

❶増分値を求めます。セルD4に「=C4-B4」と入力し、セルD118までコピーします。

	A	B	C	D	E
1	出庫状況一覧				
2					
3	商品番号	先月出庫数	当月出庫数	増分値	
4	BC2222	3,184	3,352	168	
5	BC2456	3,013	3,172	159	
6	BC2844	2,970	3,127	157	
7	BC2232	3,510	2,700	-810	
8	BC2328	2,308	2,430	122	
9	BC2751	4,293	2,385	-1908	

❷フィルター機能を使って、増分値が0より大きいレコードを抽出します。表内の任意のセルをクリックし、[データ] － [フィルター] をクリックします。

※フィールド名のセルにフィルターの▼が表示されます。

❸セルD3（「増分値」フィールド）の▼をクリックし、[数値フィルター] － [指定の値より大きい] をクリックします。

❹ [カスタムオートフィルター] ダイアログボックスの右上の欄に「0」と入力し、[OK] をクリックします。

```
┌─────────────────────────────────────────────────┐
│ カスタム オートフィルター                    ?    ×  │
│                                                 │
│ 抽出条件の指定：                                   │
│ 増分値                                           │
│ ┌──────────┐  ┌─────────────────────────────┐    │
│ │ より大きい  ▼│  │ 0                        ▼│    │
│ └──────────┘  └─────────────────────────────┘    │
│         ● AND(A)   ○ OR(O)                        │
│ ┌──────────┐  ┌─────────────────────────────┐    │
│ │          ▼│  │                          ▼│    │
│ └──────────┘  └─────────────────────────────┘    │
│                                                 │
│ ? を使って、任意の 1 文字を表すことができます。          │
│ * を使って、任意の文字列を表すことができます。           │
│                              ┌──────┐ ┌────────┐ │
│                              │  OK  │ │ キャンセル │ │
│                              └──────┘ └────────┘ │
└─────────────────────────────────────────────────┘
```

❺フィルターの結果抽出されたレコード件数を、ステータスバーで確認します。

※65件のレコードが抽出されます。この件数を解答欄に転記します。

110	BC2565	491	517	26	
114	BC2426	448	472	24	
115	BC2726	448	472	24	
118	BC2901	384	405	21	
119					
120					
121					
122					

```
┌─────────────────────────────────────────────────┐
│  <   >      出庫状況一覧     商品リスト      +       │
├─────────────────────────────────────────────────┤
│ 準備完了 │ 115 レコード中 65 個が見つかりました │ 🧏 アクセシビリティ：問題ありません │
└─────────────────────────────────────────────────┘
```

● 設問1　別解　増分値が0以上の件数をCOUNTIF関数で求める

💡 考え方

　確認のために件数をセルに表示したい場合は、条件に一致したセルの個数を数えるCOUNTIF関数を使用します。

👆 操作手順

❶任意のセル（たとえばD1）に、COUNTIF関数の式を「=COUNTIF（D4:D118,">0"）」と入力します。

※「増分値」が0より大きいセルの個数が求められます。

考え方

　設問2では、「分類別集計表」に、分類ごとの商品数と当月出庫数の合計を求めます。

　まず、計算に必要な当月出庫数のデータを「商品」シートの「商品リスト」にコピーしましょう。「商品リスト」と「出庫状況一覧」のデータは、商品番号が一致しているため、「出庫状況一覧」を「商品番号」の昇順で並べ替えて、レコードの並び順を揃えてから、コピーを実行します。

　次に、関数を使って、「分類別集計表」に、分類別の商品数と当月出庫数の合計を求めます。分類別の商品数は、COUNTIF関数を使って求めます。また、分類別に当月出庫数の合計を求めるには、SUMIF関数を使用します。

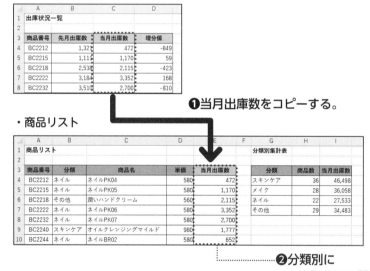

・出庫状況一覧

	A	B	C	D
1	出庫状況一覧			
2				
3	商品番号	先月出庫数	当月出庫数	増分値
4	BC2212	1,32	472	-849
5	BC2215	1,11	1,170	59
6	BC2218	2,538	2,115	-423
7	BC2222	3,184	3,352	168
8	BC2232	3,510	2,700	-810

❶当月出庫数をコピーする。

・商品リスト

	A	B	C	D	E	F	G	H	I
1	商品リスト						分類別集計表		
2									
3	商品番号	分類	商品名	単価	当月出庫数		分類	商品数	当月出庫数
4	BC2212	ネイル	ネイルPK04	580	472		スキンケア	36	46,498
5	BC2215	ネイル	ネイルPK05	580	1,170		メイク	28	36,058
6	BC2218	その他	潤いハンドクリーム	560	2,115		ネイル	22	27,533
7	BC2222	ネイル	ネイルPK06	580	3,352		その他	29	34,483
8	BC2232	ネイル	ネイルPK07	580	2,700				
9	BC2240	スキンケア	オイルクレンジングマイルド	980	1,777				
10	BC2244	ネイル	ネイルBR02	580	652				

❷分類別に
・COUNTIF関数で商品数を求める。
・SUMIF関数で当月出庫数を合計する。

操作手順

❶「出庫状況一覧」の任意のセルをクリックし、[データ]－[フィルター]をクリックします。

※フィルターを解除しておきます。

❷「商品番号」の「昇順」で表を並べ替えます。

※「出庫状況一覧」のレコードの並び順が「商品リスト」と同じになります。

❸「出庫状況一覧」の「当月出庫数」フィールドの列を、「商品」シートのE列にコピーします。

※「出庫状況一覧」のC列（「当月出庫数」フィールドの列）を選択して［コピー］を実行し、「商品」シートのE列の列番号で右クリックし、［コピーしたセルの挿入］をクリックします。

	A	B	C	D	E	F
1	商品リスト					
2						
3	商品番号	分類	商品名	単価	当月出庫数	
4	BC2212	ネイル	ネイルPK04	580	472	
5	BC2215	ネイル	ネイルPK05	580	1,170	
6	BC2218	その他	潤いハンドクリーム	560	2,115	
7	BC2222	ネイル	ネイルPK06	580	3,352	
8	BC2232	ネイル	ネイルPK07	580	2,700	
9	BC2240	スキンケア	オイルクレンジングマイルド	980	1,777	
10	BC2244	ネイル	ネイルBR02	580	652	

❹分類別に商品数を求めます。「分類別集計表」のセルH4にCOUNTIF関数の式を「＝COUNTIF($B$4:$B$118,G4)」と入力し、セルH7までコピーします。

※引数「範囲」には、セルB4:B118を絶対参照で指定します。

※「分類別集計表」のG列に入力した「分類」を「商品リスト」のセルB4:B118で検索して、一致したセルの個数が商品数として求められます。この値を解答欄「商品数」に転記します。

	A	B	C	D	E	F	G	H	I	J
1	商品リスト						分類別集計表			
2										
3	商品番号	分類	商品名	単価	当月出庫数		分類	商品数	当月出庫数	
4	BC2212	ネイル	ネイルPK04	580	472		スキンケア	36		
5	BC2215	ネイル	ネイルPK05	580	1,170		メイク	28		
6	BC2218	その他	潤いハンドクリーム	560	2,115		ネイル	22		
7	BC2222	ネイル	ネイルPK06	580	3,352		その他	29		
8	BC2232	ネイル	ネイルPK07	580	2,700					
9	BC2240	スキンケア	オイルクレンジングマイルド	980	1,777					

❺当月出庫数の合計を求めます。「分類別集計表」のセルI4にSUMIF関数の式を「＝SUMIF($B$4:$B$118,G4,$E$4:$E$118)」と入力し、セルI7までコピーします。

※引数「範囲」にはセルB4:B118を、引数「合計範囲」にはセルE4:E118を、それぞれ絶対参照で指定します。

※「分類別集計表」のG列に入力した「分類」を「商品リスト」のセルB4:B118で検索して、一致したレコードのセルI4:I118の当月出庫数が合計されます。

※この値を解答欄「当月出庫数」に転記します。

	A	B	C	D	E	F	G	H	I	J
1	商品リスト						分類別集計表			
2										
3	商品番号	分類	商品名	単価	当月出庫数		分類	商品数	当月出庫数	
4	BC2212	ネイル	ネイルPK04	580	472		スキンケア	36	46,498	
5	BC2215	ネイル	ネイルPK05	580	1,170		メイク	28	36,058	
6	BC2218	その他	潤いハンドクリーム	560	2,115		ネイル	22	27,533	
7	BC2222	ネイル	ネイルPK06	580	3,352		その他	29	34,483	
8	BC2232	ネイル	ネイルPK07	580	2,700					
9	BC2240	スキンケア	オイルクレンジングマイルド	980	1,777					

● 設問2　別解 VLOOKUP関数で当月出庫数を転記する（エキスパート級スキル標準の機能）

考え方

「出庫状況一覧」から「当月出庫数」フィールドの数値を「商品リスト」に転記するには、VLOOKUP関数を使う方法もあります。VLOOKUP関数を使えば、「出庫状況一覧」のレコードを商品番号順に並べ替える必要がなくなります。

なお、比較対象となる2つの表のデータに、コード番号が1対1で完全に一致してい

ると明記されていない場合でも、VLOOKUP関数を使えば、コード番号に対応する
レコードの数値を求めることができます。

👆**操作手順**

❶解答例の操作手順❷❸の代わりに、VLOOKUP関数で「当月出庫数」を求めます。
「商品リスト」のセルE4にVLOOKUP関数の式を「=VLOOKUP(A4,出庫状況
!$A$4:$C$118,3,0)」と入力し、セルE118までコピーします。

※引数「範囲」には、「出庫状況」シートのセルA4:C118を絶対参照で指定します。
※A列に入力した「商品番号」を「出庫状況」シートのセルA4:C118で検索して、完全に一致する場合、
　3列目の「当月出庫数」の数値が表示されます。

	A	B	C	D	E	F
1	商品リスト					
2						
3	商品番号	分類	商品名	単価	当月出庫数	
4	BC2212	ネイル	ネイルPK04	580	472	
5	BC2215	ネイル	ネイルPK05	580	1170	
6	BC2218	その他	潤いハンドクリーム	560	2115	
7	BC2222	ネイル	ネイルPK06	580	3352	
8	BC2232	ネイル	ネイルPK07	580	2700	
9	BC2240	スキンケア	オイルクレンジングマイルド	980	1777	

課題 05

あなたは、飲料メーカーで商品企画を担当しています。年間の販売状況を把握するために、各営業チームの出荷実績のデータをまとめた集計表「年間出荷数量一覧（全体）」を作成します。

「問題1」フォルダー内の3つのファイルを利用して、設問1～2を解答しなさい。

解答は「2章課題_05.xlsx」の解答欄に入力し、上書き保存しなさい。

なお、解答欄への入力は、すべて直接入力で行い、数値は半角で入力するものとする。また、集計を行う前に、下記【解答にあたっての前処理】を行ってから解答を始めること。

【解答にあたっての前処理】

用意されているデータに以下の処理を行う。

・「【チームC】出荷データ.xlsx」の出荷データはケース数が入力されているため、「販売コード表.xlsx」の「商品コード表」を参照して数量（個数）を求め、販売コード別、月別に出荷数量の合計を集計する。

・集計したチームCの、販売コード別、月別の出荷数量の合計を、「出荷数量集計表.xlsx」の「C」シートに転記する。

データ構成

・「出荷数量集計表.xlsx」
　…販売コード別、月別の出荷数量集計用フォームと、営業チームA～Cの販売コード別、月別の出荷数量集計データ
　なお、営業チームCは未集計のため、フォームのみの状態となっている

「全体」シート
「年間出荷数量一覧（全体）」表

販売コード	1月	2月	3月	4月	5月	6月	7月	8月	9月	10月	11月	12月	合計

「A」シート

販売コード	1月	2月	3月	4月	5月	6月	7月	8月	9月	10月	11月	12月
VTAM1	2,148	2,040	2,316	2,292	3,252	4,200	5,976	8,052	4,200	3,012	1,968	2,196
:	:	:	:	:	:	:	:	:	:	:	:	:

「B」シート

販売コード	1月	2月	3月	4月	5月	6月	7月	8月	9月	10月	11月	12月
CFCC2	4,144	3,536	5,312	5,424	5,728	4,104	5,168	5,064	2,720	2,704	3,032	4,544
:	:	:	:	:	:	:	:	:	:	:	:	:

「C」シート

販売コード	1月	2月	3月	4月	5月	6月	7月	8月	9月	10月	11月	12月

・「【チームC】出荷データ.xlsx」…営業チームCの出荷データ

出荷月	販売コード	ケース数	数量（本数）

・「販売コード表.xlsx」…商品の販売コード表
  販売コードは、2桁の種別コードと3桁の商品コードから構成される
  「種別コード表」「商品コード表」

種別コード	種別

商品コード	商品名	1ケース当たりの本数	単価

●設問1

営業チームの年間出荷数量を集計した「年間出荷数量一覧（全体）」表を完成させ、全体の総計を求めなさい。

●設問2

「種別年間出荷数量」表を完成させ、種別ごとの出荷数量の合計を求めなさい。

課題 **05** 解 説 考え方と操作手順

● 前処理 解答例 VOOKUP関数とRIGHT関数で数量を求め、ピボットテーブルで集計する

考え方

「年間出荷数量一覧（全体）」を作成するために、前処理の指示に従って、未集計の営業チームCの出荷データを準備しましょう。

最初に、「【チームC】出荷データ.xlsx」のD列に数量を求めます。数量は、C列のケース数に、「販売コード表.xlsx」の「商品コード表」から検索した「1ケース当たりの本数」を掛け算すれば求められます。

「1ケース当たりの本数」は、VLOOKUP関数を使用して、「商品コード表」から検索します。その検索値として必要な「商品コード」は、「【チームC】出荷データ.xlsx」のB列に入力された「販売コード」の末尾の3文字に相当します。そこで、VLOOKUP関数の検索値にRIGHT関数をネストして「販売コード」の右3文字を取り出し、それを基に「商品コード表」から「1ケース当たりの本数」を検索します。

また、複数のファイルを使用して解答する課題では、操作をスムーズに行うための準備として、集計作業の中心となるファイルにすべてのシートを移動（またはコピー）しておきましょう。ここでは、「出荷数量集計表.xlsx」に「【チームC】出荷データ.xlsx」および「販売コード表.xlsx」のすべてのシートを移動します。

・【チームC】出荷データ.xlsx

	A	B	C	D
1	出荷月	販売コード	ケース数	数量（個数）
2	1月	ACOT2	498	23904
3	1月	ACOT1	451	13530
4	1月	ACKD4	488	11712
5	1月	ACKM1	294	7056
6	1月	ACHJ2	298	14304
7	1月	ACRJ1	332	15936

・商品コード表

商品コード	商品名	1ケース当たりの本数	単価
BA5	さわやか緑茶	48	110
AA1	しぼりたてアップル	12	400
AA2	しぼりたてオレンジ	12	380
AB1	マルチビタミン	30	130
AL1	クリーミーココア	24	180
AM1	マンゴーたっぷり果実	24	180
AN2	はたらく乳酸菌	24	200

❶ 「販売コード」の右3文字を「商品コード」として、「1ケース当たりの本数」を検索する。

❷ 「ケース数×1ケース当たりの本数」で数量を求める。

次に、数量を求めた「【チームC】出荷データ」を基に、ピボットテーブルで、販売コード別、月別に「出荷数量」の合計を集計します。この集計内容を「出荷数量集計表.xlsx」の「C」シートの表にコピーすれば前処理が完了です。

・ピボットテーブル

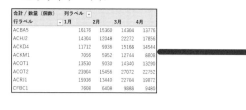

合計 / 数量（個数）	列ラベル ▼			
行ラベル ▼	1月	2月	3月	4月
ACBA5	16176	15360	14304	13776
ACHJ2	14304	12048	22272	17856
ACKD4	11712	9936	15168	14544
ACKM1	7056	5952	12744	8808
ACOT1	13530	9030	14340	13290
ACOT2	23904	15456	27072	22752
ACRJ1	15936	13440	22704	19872
CFBC1	7608	6408	9888	9480

❸ 「C」シートにコピーして、「A」〜
「C」シートの内容を統合する。

・「出荷数量集計表.xlsx」の「全体」シート

年間出荷数量一覧（全体）　　　　　　　　　　　　　　　　　単位：本

販売コード	1月	2月	3月	4月	5月	6月	7月	8月	9月	10月	11月	12月	合計
VTAM1	3,624	3,192	4,332	4,224	8,232	12,192	19,572	28,224	12,192	7,224	2,892	3,852	109,752
VTAB1	6,390	5,550	7,920	7,590	32,580	22,200	26,868	51,654	23,400	12,510	4,860	6,900	208,422
VTAA1	7,512	6,564	9,252	8,916	28,236	16,812	21,684	49,992	19,500	11,520	5,832	8,076	193,896
VTAA2	6,326	6,326	6,410	6,788	12,374	10,106	13,298	16,122	13,844	6,410	4,184	5,654	107,842
VTAL1	8,484	7,340	10,580	10,202	15,602	17,060	19,328	19,328	12,848	9,294	6,422	9,176	145,664
VTAN2	7,502	6,530	9,338	9,024	15,926	16,466	18,086	20,246	16,466	9,986	5,720	8,150	143,440
SDYA1	6,650	5,750	8,280	10,730	18,650	6,590	26,090	29,930	18,050	5,030	5,030	7,190	147,970

全体 | A | B | C | +

✋操作手順

❶ 「【チームC】出荷データ.xlsx」の「C」シート、および「販売コード表.xlsx」の
「販売コード表」シートを、「出荷数量集計表.xlsx」に移動します。

※各ウィンドウを並べて表示し、シート見出しをドラッグして移動できます。

※移動後の「出荷数量集計表.xlsx」ではシート名「C」が重複するため、移動した「【チームC】出荷デー
タ.xlsx」のシート名「C」が「C（2）」に変わります。

❷ 「【チームC】出荷データ.xlsx」から移動された「C（2）」シートの【チームC】出
荷データのD列に「数量」を求めます。セルD2に「=VLOOKUP（RIGHT(B2,3)
,販売コード表!$D$3:$G$23,3,0)*C2」と入力し、セルD253までコピーします。

※VLOOKUP関数の引数「検索値」にRIGHT関数の式をネストし、「範囲」には、「販売コード表」シー
トのセルD3:G23を絶対参照で指定します。

※操作手順❷の数式では、B列に入力した「販売コード」の右から3文字をRIGHT関数で取り出して、そ
の文字列（「商品コード」に相当）を「販売コード表」シートのセルD3:G23で検索します。完全に一
致する値が見つかったら、3列目の「1ケース当たりの本数」の数値を返し、セルC2の「ケース数」と
掛け算します。

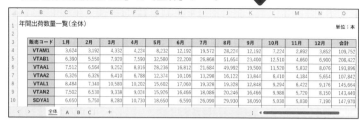

	A	B	C	D	E	F
1	出荷月	販売コード	ケース数	数量（本数）		
2	1月	ACOT2	498	23904		
3	1月	ACOT1	451	13530		
4	1月	ACKD4	488	11712		
5	1月	ACKM1	294	7056		
6	1月	ACHJ2	298	14304		

❸「C (2)」シートの【チームC】出荷デー
タを基にピボットテーブルを作成します。
表内の任意のセルをクリックし、[挿入]
-[ピボットテーブル]をクリックしま
す。[テーブルまたは範囲からのピボット
テーブル]ダイアログボックスで配置先を
設定し、[OK]をクリックします。

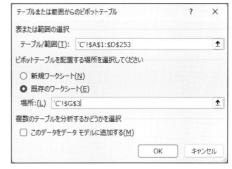

※ここでは、既存のワークシートのセルG3を指定し
ていますが、新規シートでもよいです。

❹[ピボットテーブルのフィールド]作業ウィンドウで、
フィールドを設定します。

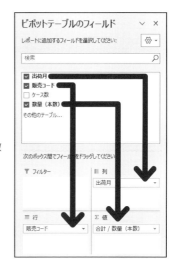

- [行]:販売コード
- [列]:出荷月
- [値]:合計/数量（本数）

※「出荷数量集計表.xlsx」の「C」シートのレイアウトに合わせて、
行ラベルに「販売コード」、列ラベルに「出荷月」を配置して、「数
量」の合計を求めます。

❺ピボットテーブルの集計結果をコピーし、「出荷数量集計表.xlsx」の「C」シート
に値貼り付けをします。

※行ラベルと値のセル（ここではG5:S25）を選択して「コピー」を実行し、「出荷数量集計表.xlsx」の
「C」シートのセルA4をクリックし、[ホーム]-[貼り付け✓]-[値]をクリックします。

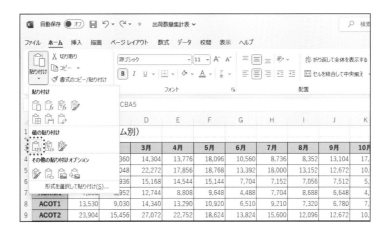

● **前処理** 　別解 フラッシュフィルで販売コードから商品コードを取り出す

🔆 **考え方**

　フラッシュフィルを利用すると、文字列を一定のルールに従って分割できるため、「販売コード」の右から3文字を別のセルに取り出すことができます。

　解答例の操作手順❷では、VLOOKUP関数の引数「検索値」にRIGHT関数をネストしていますが、取り出した3文字のコードのセルを直接参照することができるようになります。

👆 **操作手順**

❶【チームC】出荷データ表の「販売コード」列の右に、新規の列を挿入します（C列）。セルC2に、1件目のレコードの販売コード（セルB2）の右3文字を入力します。

※右3文字をコピーして貼り付けることもできます。

❷セルC2を選択し、［データ］－［フラッシュフィル］をクリックします。

※フラッシュフィルが実行され、残りのレコードの商品コードが、C列に表示されます。

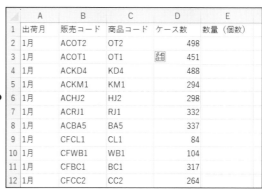

❸セルE2に「=VLOOKUP（C2,販売コード表!\$D\$3:\$G\$23,3,FALSE）*D2」と入力し、セルE253までコピーします。

● **設問1** 　解答例 チーム別の一覧表を「年間出荷数量一覧（全体）」表に統合し、総計を求める

🔆 **考え方**

　「A」～「C」シートの一覧表は、販売コードの並び順が統一されていないため、「統合」機能を使って販売数を集計しましょう。

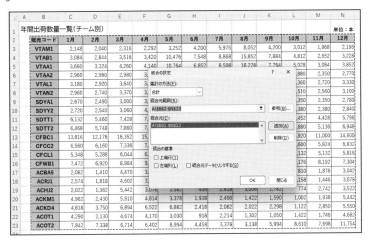

☞ 操作手順

❶ 「統合」機能を使って、「全体」シートに「A」～「C」シートの出荷数を合計します。「全体」シートのセルB4をクリックし、[データ] － [統合] をクリックします。

❷ [統合の設定] ダイアログボックスで、[集計の方法] に「合計」を選択します。[統合元範囲] ボックスに、「A」シートのセルB3:N23を指定し、[追加] をクリックします。

❸ [統合元範囲] ボックスに、「B」シートのセルB4:N24を指定し、[追加] をクリックします。さらに、「C」シートのセルA4:M24を指定し、[追加] をクリックします。

❹ [上端行] チェックボックスをOFF、[左端列] チェックボックスをONに設定し、[OK] をクリックします。

※ 「A」～「C」シート間では、月名の並び順は統一されているため、「全体」シートに入力された月名の見出しをそのまま利用し、販売コードの並び順は統一されていないため、行の項目名による統合を行います。

※ 「A」～「C」シートの合計値が集計されます。

❺全体の総計を求めます。まず、セルO4:O24を選択して、［ホーム］－［∑オート
SUM］をクリックし、「合計」を求めます。続けて、セルO25をクリックし、再
度［∑オートSUM］をクリックして総計を求めます。

※求められた総計を解答欄に転記します。
※「合計」を求めた後、セルO4:O24を選択した状態で、オートカルクの［合計］の値をスタータスバー
　で確認し、解答欄に転記することもできます。

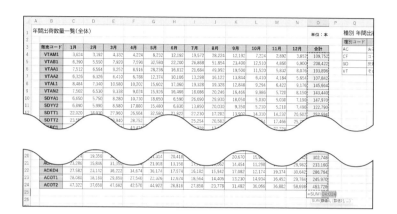

設問2 　解答例 SUMIF関数で種別ごとの出荷数量を求める

考え方

　設問1で集計した「年間出荷数量一覧（全体）」表を基に、「種別 年間出荷数量」表
に種別ごとの出荷数量を合計するには、SUMIF関数を利用します。

　合計するための検索条件はQ列の「種別コード」ですが、参照する範囲であるB列
の「販売コード」は先頭の2文字の「種別コード」の後に「商品コード」が付いていま
す。そこで、「種別コード」の後に任意の文字列を意味するワイルドカード「*」を
付けて、SUMIF関数の引数「検索条件」を「Q3&"*"」と指定します。これにより、
「Q3セルの文字列で始まる」という条件となり、B列の「販売コード」を検索できる
ようになります。

操作手順

❶「種別年間出荷数量」表のセルS3に、SUMIF関数の数式を「=SUMIF（$B$4:$B$24,
Q3&"*",$O$4:$O$24）」と入力し、セルS6までコピーします。

※求められた出荷数量の値を解答欄に転記します。
※引数「範囲」には「販売コード」が入力されたセルB4:B24を、引数「合計範囲」には販売数の合計が
　求められたセルO4:O24を、それぞれ絶対参照で指定します。
※引数「検索条件」の「*」は任意の文字列を意味するワイルドカードで、「&」は文字列を連結する演算
　子です。なお、SUMIF関数など一連の「〇〇IF」系の関数では、検索条件に指定する文字列を「"」で
　囲むルールがあるため、「*」も「"」で囲んで指定します。

販売コード	1月	2月	3月	4月	5月	6月	‥	12月	合計
									単位：本
VTAM1	3,624	3,192	4,332	4,224	6,232	12,191		3,852	109,752
VTAB1	6,390	5,550	7,920	7,590	32,580	22,200		6,900	208,422
VTAA1	7,512	6,564	9,252	8,916	28,236	16,812		0,076	193,896
VTAA2	6,326	6,326	6,410	6,788	12,374	10,106		64	107,842
VTAL1	8,484	7,340	10,580	10,202	15,602	17,060	15	6	145,664
VTAN2	7,502	6,530	9,338	9,024	15,926	16,466	18	0	143,440
SDYA1	6,650	5,750	8,280	10,730	16,650	6,590	2	0	147,970
SDYY2	6,890	5,990	8,560	17,880	15,480	6,830		490	122,790
SDTT1	22,020	18,930	27,960	26,904	32,580	21,822		0,502	252,594
SDTT2	23,550	20,250	29,940	28,752	34,890	23,274		25,782	280,764
CFBC1	35,936	31,136	45,056	43,424	28,832	29,504		39,224	360,144
CFCC2	17,040	15,024	20,928	21,312	22,320	16,904		18,384	210,344
CFCL1	9,692	9,452	12,572	14,492	21,332	10,424		1,624	191,580
CFWB1	16,112	14,174	21,440	22,334	37,022	15,908		20	239,574
ACBA5	25,122	22,638	30,762	25,362	30,714	16,914	19		294,360
ACRJ1	26,190	21,822	38,034	33,078	38,370	22,494	28		320,160
ACHJ2	23,274	19,350	38,250	29,478	31,314	20,418	21		302,748
ACKM1	23,286	15,846	31,350	24,174	21,918	13,158		582	233,160

年間出荷数量一覧（全体）

種別 年間出荷数量　　単位：本

種別コード	種別	出荷数量
AC	お茶・水	2,146,890
CF	コーヒー	1,001,642
SD	炭酸	804,118
VT	その他	909,016

● **設問2**　別解　フラッシュフィルで販売コードから種別コードを取り出す

🔎 **考え方**

　前処理の商品コードと同様に、フラッシュフィルを利用して、「販売コード」の先頭2文字を「種別コード」として別のセルに取り出すことができます。これにより、SUMIF関数の引数［範囲］で「種別コード」だけを参照し、引数［検索条件］では、ワイルドカードを使うことなくセル番地だけを設定することができます。

👆 **操作手順**

❶「全体」シートの「販売コード」の左のセルA4に、1件目のレコードの販売コード（セルB4）の先頭の2文字を入力します。

※先頭の2文字をコピーして貼り付けることもできます。

❷セルA5を選択し、［データ］－［フラッシュフィル］をクリックします。

※フラッシュフィルが実行され、残りのレコードの種別コードが、A列に表示されます。

❸「種別年間出荷数量」表のS3に、SUMIF関数の数式を「=SUMIF（$A$4:$A$24,Q3,$O$4:$O$24)」と入力し、セルS6までコピーします。

あなたは、弁当製造販売チェーンの首都圏営業部で売上管理を担当しています。

全店で開催された4日間のポイントアップキャンペーンの売上データを集計します。

「問題1」フォルダー内の3つのファイルを利用して、設問1～2を解答しなさい。

解答は「2章課題_06.xlsx」の解答欄に入力し、上書き保存しなさい。

なお、解答欄への入力は、すべて直接入力で行い、数値は半角で入力するものとする。

また、集計を行う前に、下記【解答にあたっての前処理】を行ってから解答を始めること。

【解答にあたっての前処理】

「店舗別売上集計表.xlsx」に、以下を参考に処理を行う。

・「4日目」シートの「売上集計（4日目）」表に、「4日目売上.csv」の売上データを使用して、4日目の全店舗の売上金額を商品分類別に集計する。

・「集計」シートの「売上集計」表に、「1日目」～「4日目」シートの売上金額を合算する。

データ構成

・「4日目売上.csv」
　…4日目の全店舗の売上データ。各店舗から本部に送付された売上データを集約したもの

No.	店舗コード	商品コード	数量

・「店舗別売上集計表.xlsx」
　…店舗コード別、商品分類別の売上金額集計用フォームと、全店舗における1日目から4日目までの、店舗コード別、商品分類別の売上金額集計データ
　なお、4日目は未集計のため、フォームのみの状態となっている

「1日目」～「4日目」シート

店舗コード	店舗名	弁当	おにぎり	惣菜	合計

「集計」シート

店舗コード	店舗名	弁当	おにぎり	惣菜	合計

・「コード一覧表.xlsx」
　…商品コード、店舗コードの一覧表

「商品コード」シート

商品コード	商品名	単価（円）	分類

「店舗コード」シート

店舗コード	店舗名

● 設問1

4日目の売上金額の全店舗総計を求めなさい。

● 設問2

「売上集計」表に目標達成率を算出し、目標達成率が最も高かった分類名と、その達成率を求めなさい。なお、目標達成率の結果の端数は切り捨ての処理を行い、「○.○」％のように小数点第1位まで表すこと。

● 前処理 ● 設問1 解答例 ピボットテーブルや3D集計で総計を求める

💡 考え方

　設問1では、4日目の売上金額の全店舗総計を求めます。解答にあたっての前処理の中で設問1を解答することができます。まず、「4日目」シートの「売上集計（4日目）」表に、「4日目売上.csv」のデータを使用して、全店舗の売上金額を商品分類別に集計します。

　「売上集計（4日目）」表では、行の見出しに「店舗コード」と「店舗名」、列の見出しに「分類」が配置されています。しかし、「4日目売上.csv」には、「店舗コード」と「商品コード」だけが入力されていて、これらの見出しの情報が含まれていません。

　そこで、VLOOKUP関数を利用して、「店舗コード」を基に「店舗コード」シートの表から「店舗名」を求めます。同様に、「商品コード」を基に「商品コード」シートの表から「単価」と「分類」を求めます。その「単価」に「数量」を掛け算すれば、「金額」を求められます。

・「4日目売上.csv」

	A	B	C	D	E	F	G	H
1	No.	店舗コード	店舗名	商品コード	単価	分類	数量	金額
2	1	1001	本急渋谷食品館店	A101	380	弁当	49	18620
3	2	1001	本急渋谷食品館店	A102	500	弁当	32	16000
4	3	1001	本急渋谷食品館店	A103	430	弁当	29	12470
5	4	1001	本急渋谷食品館店	A104	420	弁当	23	9660
6	5	1001	本急渋谷食品館店	A105	450	弁当	30	13500
7	6	1001	本急渋谷食品館店	A106	530	弁当	18	9540
8	7	1001	本急渋谷食品館店	A107	480	弁当	37	17760

❶VLOOKUP関数で「店舗名」「単価」「分類」を求める。

❷「単価×数量」で金額を求める。

　次に、「4日目売上.csv」表を基にピボットテーブルを作成し、行ラベルに「店舗コード」と「店舗名」、列ラベルに「分類」を配置した集計表を作ります。その集計結果を、「4日目」シートの表に値として貼り付けます。

　ここで、設問1の4日目の全店舗総計として、売上金額の合計を確認しましょう。

・ピボットテーブル

3	合計 / 金額		分類				
4	店舗コード ▾	店舗名 ▾	弁当	おにぎり	惣菜	総計	
5	⊟1001	本急渋谷食品館店	137690	123270	61550	322510	
6	⊟1002	高駒屋横浜地下街店	189940	126390	80700	397030	
7	⊟1003	三勢丹池袋店	218910	157190	109900	486000	
8	⊟1004	東鉄銀座グルメ街店	235700	159320	103300	498320	
9	⊟1005	西急青葉台店	220760	149770	93500	464030	
10	⊟1006	三勢丹グルメ館店	286890	136470	201150	624510	
11	⊟1007	高駒屋日本橋店	228060	110540	122200	460800	

❸ピボットテーブルの
集計結果を「4日目」
シートに値貼り付け
する。

　続けて、「集計」シートの「売上集計」表に「1日目」シートから「4日目」シートの売上金額を集計します。なお、「1日目」～「4日目」シートの表は、項目の並び順や、範囲のセル位置などの形式が統一されているため、「3D集計」を使うと、効率よく合計できます。

👆**操作手順**

❶準備作業として、「コード一覧表.xlsx」に「4日目売上.csv」をインポートします。[データ] － [テキストまたはcsvから] をクリックし、[データの取り込み] ダイアログボックスで「4日目売上.csv」を選択して [インポート] をクリックします。
　次に、[4日目売上.csv] ファイルのデータ構成を確認し、[読み込み] をクリックすると、「4日目売上」シートにテーブルとしてインポートされます。
　※csvファイルは、直接Excelで開いても作業ができますが、インポートしてテーブル形式に変換することにより、数式のコピーが不要になるなど、効率化が図れます。
　※ [クエリと接続] 作業ウィンドウは閉じておきます。

❷「4日目売上」シートのC列に新しい列を挿入し、VLOOKUP関数で「店舗名」を求めます。セルC2に「=VLOOKUP(B2,店舗コード!$A$2:$B$19,2,0)」と入力します。
　※セルC1に、「店舗名」とフィールド名を入力しておきます。
　※引数「検索値」のセルB2をクリックすると、セル番地ではなく [@店舗コード] と表示されます。
　※引数「範囲」には、「店舗コード」シートのセルA2:B19を絶対参照で指定します。
　※テーブルでは、数式が自動的に最下行まで入力されます。

❸E列とF列に新しい列を挿入し、VLOOKUP関数を使ってE列に「単価」、F列に「分類」を求めます。セルE2に「=VLOOKUP(D2,商品コード!$A$2:$D$19,3,0)」と入力し、また、セルF2に「=VLOOKUP(D2,商品コード!$A$2:$D$19,4,0)」と入力します。
　※セルE1に「単価」、セルF1に「分類」と、フィールド名を入力しております。
　※引数「検索値」のセルD2をクリックすると、[@商品コード] と表示されます。
　※引数「範囲」には、「商品コード」シートのセルA2:D19を絶対参照で指定します。
　※テーブルでは、数式が自動的に最下行まで入力されます。

❹金額を求めます。セルH2に「=E2*G2」と入力します。

※セルH1に「金額」と、フィールド名を入力しておきます。
※セルE2、セルG2をクリックすると、それぞれのセル番地ではなく［@単価］［@数量］と表示されます。
※テーブルでは、数式が自動的に最下行まで入力されます。

=VLOOKUP（B2,店舗コード!$A$2:$B$19,2,0）

=VLOOKUP（$D2,商品コード!$A$2:$D$19,3,0）

A	B	C	D	E	F	G	H
No.	店舗コード	店舗名	商品コード	単価	分類	数量	金額
1	1001	本急渋谷食品館店	A101	380	弁当	49	18620
2	1001	本急渋谷食品館店	A102	500	弁当	32	16000
3	1001	本急渋谷食品館店	A103	430	弁当	29	12470
4	1001	本急渋谷食品館店	A104	420	弁当	23	9660
5	1001	本急渋谷食品館店	A105	450	弁当	30	13500
6	1001	本急渋谷食品館店	A106	530	弁当	18	9540

=VLOOKUP（$D2,商品コード!$A$2:$D$19,4,0）   =E2*G2

❺「4日目売上」シートの表を基にピボットテーブルを作成します。「4日目売上」シート内の任意のセルをクリックし、［挿入］－［ピボットテーブル］をクリックします。［テーブルまたは範囲からのピボットテーブル］ダイアログボックスで配置先に「新規ワークシート」を選択し、［OK］をクリックします。

❻［ピボットテーブルのフィールド］作業ウィンドウで、フィールドを設定します。

- ［行］：店舗コード、店舗名
- ［列］：分類
- ［値］：金額（集計方法は「合計」）

  ※「4日目」シートの行見出し・列見出しと同じフィールドを行ラベル・列ラベルに指定します。なお、行ラベルでは、「店舗コード」を「店舗名」より上位の階層（フィールドのボタンが上）になるように指定します。

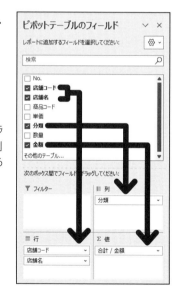

❼ピボットテーブルのレイアウトを、「4日目」シートに貼り付けられる形式に変更すします。ピボットテーブル内の任意のセルをクリックし、［デザイン］－［レポートのレイアウト］－［表形式で表示］をクリックし、続けて、［小計］－［小計を表示しない］をクリックします。

・変更前

	A	B	C	D	E
1					
2					
3	合計 / 金額	列ラベル			
4	行ラベル	おにぎり	惣菜	弁当	総計
5	⊟1001	123270	61550	137690	322510
6	本急渋谷食品館店	123270	61550	137690	322510
7	⊟1002	126390	80700	189940	397030
8	高駒屋横浜地下街店	126390	80700	189940	397030

・変更後

	A	B	C	D	E	F
1						
2						
3	合計 / 金額		分類			
4	店舗コード	店舗名	おにぎり	惣菜	弁当	総計
5	⊟1001	本急渋谷食品館店	123270	61550	137690	322510
6	⊟1002	高駒屋横浜地下街店	126390	80700	189940	397030
7	⊟1003	三勢丹池袋店	157190	109900	218910	486000
8	⊟1004	東鉄銀座グルメ街店	159320	103300	235700	498320

❽列ラベルの「分類」の並び順を「4日目」シートの見出しと揃えるため、「弁当」のセル範囲（ここではセルE4:E23）を選択します。選択範囲の外枠（緑色の部分）にマウスポインターを合わせて、「おにぎり」の左までドラッグします。

※列ラベルの項目が「弁当」「おにぎり」「惣菜」の順になるよう並べ替えます。

合計 / 金額	列ラベル			
行ラベル	おにぎり	惣菜	弁当	総計
1001	123270	61550	137690	322510
1002	126390	80700	189940	397030
1003	157190	109900	218910	486000
1004	159320	103300	235700	498320
1005	149770	93500	220760	464030
1006	136470	201150	286890	624510
1007	110540	122200	228060	460800

❾ピボットテーブルの集計結果をコピーし、「店舗別売上集計表.xlsx」の「4日目」シートに値貼り付けをします。

※総計を含めた集計値部分（ここではセルC5:F23）を選択します。「コピー」を実行し、「4日目」シートのセルD3をクリックし、[ホーム] － [貼り付け✓] － [値] をクリックします。

❿設問1の4日目の全店舗総計として、「4日目」シートの総合計（セルG21）の金額を確認します。

※この値を解答欄に転記します。

❶❶「3D集計」で売上金額を合計します。「集計」シートのセルD3をクリックし、[ホーム] − 「Σオート SUM」をクリックします。

❶❷「1日目」シートのシート見出しをクリックし、セルD3をクリックします。続けて、Shiftキーを押しながら、「4日目」シートのシート見出しをクリックし、Enterキーで確定します。

※「集計」シートのセルD3に「=SUM('1日目:4日目'!D3)」と入力されます。

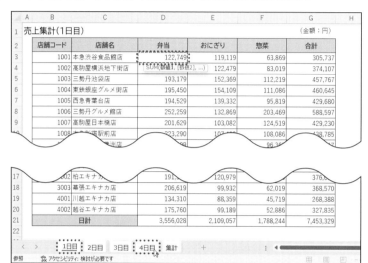

❶❸セルD3の数式をD4:D21にコピーし、D3:D21が選択された状態でG列までコピーします。

	店舗コード	店舗名	弁当	おにぎり	惣菜	合計
1	売上集計					(金額：円)
3	1001	本急渋谷食品館店	480,281			
4	1002	高駒屋横浜地下街店	660,111			
5	1003	三勢丹池袋店	762,791			
6	1004	東鉄銀座グルメ街店	811,332			
7	1005	西急青葉台店	768,691			
8	1006	三勢丹グルメ館店	1,008,011			
9	1007	高駒屋日本橋店	797,291			
10	1008	本急新宿駅前店	925,342			
11	1009	るるぽーと豊洲店	847,061			
12	2001	横浜本店	962,091			
13	2002	横浜西口店	814,541			
14	2003	鎌倉店	810,882			
15	2004	川崎店	945,891			
16	3001	品川エキナカ店	843,322			
17	3002	柏エキナカ店	756,581			
18	3003	幕張エキナカ店	819,501			
19	4001	川越エキナカ店	557,272			
20	4002	越谷エキナカ店	729,623			
21		売上合計	14,300,614			
22		目標売上金額	13,500,000	7,500,000	6,000,000	
23		目標達成率(%)				

●設問2　**解答例** 目標達成率を算出する

考え方

　設問2では、「集計」シートの「売上集計」表に求めた合計金額から分類ごとに目標達成率を求めます。そして、最も目標達成率が高かった分類名と、達成率を求めます。

操作手順

❶「集計」シートの「売上集計」表に数式を入力し、目標達成率を求めます。セルD23に「=ROUNDDOWN(D21/D22*100,1)」と入力し、F23までコピーします。

※求める目標達成率は、端数を切り捨てて、「〇.〇」%のように小数点第1位までの百分率で表すため、ROUNDDOWN関数を指定して、切り捨て処理を行います。

※百分率は値に100を掛け算して求めるため、引数「数値」には「売上合計÷目標売上金額×100」という式を指定し、「桁数」には小数点第1位を表す「1」を指定します。

※求められた「目標達成率」が最も高かった達成率と分類名を解答欄に転記します。

店舗コード	店舗名	弁当	おにぎり	惣菜	合計
	売上集計				（金額：円）
1001	本急渋谷食品館店	480,281	444,971	217,501	1,142,753
1002	高駒屋横浜地下街店	660,111	458,171	294,101	1,412,383
1003	三勢丹池袋店	762,791	578,641	410,901	1,752,333
1004	東鉄銀座グルメ街店	811,332	585,991	389,968	1,787,291
1005	西急青葉台店	768,691	543,044	345,301	1,657,036
1006	三勢丹グルメ館店	1,008,011	499,421	775,901	2,283,333
1007	高駒屋日本橋店	797,291	395,064	460,101	1,652,456
1008	本急新宿駅前店	925,342	396,041	377,968	1,699,351
1009	るるぽーと豊洲店	847,061	345,811	347,501	1,540,373
2001	横浜本店	962,091	461,504	300,968	1,724,563
2002	横浜西口店	814,541	504,571	542,501	1,861,613
2003	鎌倉店	810,882	452,101	430,168	1,693,151
2004	川崎店	945,891	362,714	470,968	1,779,573
3001	品川エキナカ店	843,322	389,731	276,301	1,509,354
3002	柏エキナカ店	756,581	451,911	218,701	1,427,193
3003	幕張エキナカ店	819,501	383,194	210,101	1,412,796
4001	川越エキナカ店	557,272	319,111	144,901	1,021,284
4002	越谷エキナカ店	729,622	363,491	157,168	1,250,281
	売上合計	14,300,614	7,935,483	6,371,020	28,607,117
	目標売上金額	13,500,000	7,500,000	6,000,000	
	目標達成率(%)	105.9	105.8	106.1	

あなたは、住宅販売会社で営業部に所属しています。モデルルームの見学者にダイレクトメールを出すにあたって送付先として提出された2つの受付名簿には、見学者の重複や表の形式に違いがあるため、整理した「見学者リスト」を作成します。

「問題1」フォルダー内の3つのファイルを利用して、設問1〜2を解答しなさい。

解答は「2章課題_07.xlsx」の解答欄に入力し、上書き保存しなさい。

なお、解答欄への入力は、すべて直接入力で行い、数値は半角で入力するものとする。また、集計を行う前に、下記【解答にあたっての前処理】を行ってから解答を始めること。

【解答にあたっての前処理】

用意されているデータに以下の処理を行う。

・「市区町村住所」の記載方法が異なるため、「受付名簿A.xlsx」の「見学者リストA」表を、「受付名簿B.xlsx」の「見学者リストB」表の形式に合わせる。

・「見学者リスト.xlsx」の「DM発送者一覧」表に、「見学者リストA」表と「見学者リストB」表の内容をコピーしてまとめる。

データ構成

・「受付名簿A.xlsx」… モデルルーム見学者の受付名簿

受付ID	氏名	フリガナ	間取り	郵便番号	都道府県	市区町村	住所	建物名	電話番号

・「受付名簿B.xlsx」… モデルルーム見学者の受付名簿
・「見学者リスト.xlsx」… 受付名簿A、Bをまとめた見学者全体のDM発送用リスト

受付ID	氏名	フリガナ	間取り	郵便番号	都道府県	市区町村住所	建物名	電話番号

※囲みのように、「市区町村住所」の記載方法が異なる。

●設問1

「DM発送者一覧」表の「間取り」に存在する「タイプ」をすべて削除し、削除した件数を求めなさい。

●設問2

「DM発送者一覧」表から「受付ID」を除いたすべての項目の内容が重複する見学者データを削除し、受付名簿Aと受付名簿Bを合わせた見学者データの件数を求めなさい。

課題 07　解説　考え方と操作手順

● 前処理　　● 設問1　　解答例 フラッシュフィルで列を連結する

考え方

　最初に、前処理の操作を行います。「見学者リストA」表では、「市区町村」（G列）と「住所」（H列）が別々の列に入力されています。これを、「見学者リストB」表に合わせて「市区町村住所」（I列）という1つの列に連結します。

　複数の列に分かれて入力された文字列を1つの列に連結させるには、「フラッシュフィル」を利用すると、効率よく操作ができます。

G	H	I
市区町村	住所	市区町村住所
新宿区	北新宿2-X-X	新宿区北新宿2-X-X
横浜市中区	元町1-X-X	横浜市中区元町1-X-X
台東区	浅草橋1-X-XX	台東区浅草橋1-X-XX
千代田区	外神田2-X-X	千代田区外神田2-X-X
横浜市中区	伊勢佐木町3-X-X	横浜市中区伊勢佐木町3-X-X
川崎市宮前区	平4-X-X	川崎市宮前区平4-X-X

2つのセルの文字列を
連結して表示する。

　「見学者リストA」表と「見学者リストB」表の列の構成を統一できたら、2つの表のデータをコピーして、「見学者リスト.xlsx」の「DM発送者一覧」表にまとめます。その後、

　設問1にあるように、「間取り」の列に存在する「タイプ」という文字列を削除します。「置換」機能を使って、一括で削除して件数を求めます。

操作手順

❶ 「見学者リストA」表のI列に新しい列を挿入し、列見出しを「市区町村住所」と入力し、さらに、1件目のセル（ここではI4）に「新宿区北新宿2-X-X」と入力します。

　※ 「市区町村」の1件目のセルと「住所」の1件目のセルの内容をつなげて入力します。それぞれのセルの内容をコピーすると、ミスがなく確実です。

❷フラッシュフィルを実行します。「市区町村住所」欄の任意のセル（セルI3:I105のいずれか）をクリックし、[データ] － [フラッシュフィル] をクリックします。

※「市区町村住所」のすべてのセルに「市区町村」と「住所」が連結された文字列が表示されます。

	G	H	I	
	市区町村	住所	市区町村住所	
	新宿区	北新宿2-X-X	新宿区北新宿2-X-X	ノースパー
	横浜市中区	元町1-X-X	横浜市中区元町1-X-X	
	台東区	浅草橋1-X-XX	台東区浅草橋1-X-XX	
	千代田区	外神田2-X-X	千代田区外神田2-X-X	外神田タ
	横浜市中区	伊勢佐木町3-X-X	横浜市中区伊勢佐木町3-X-X	
	川崎市宮前区	平4-X-X	川崎市宮前区平4-X-X	ザ平3F

❸不要となった「市区町村」（G列）と「住所」（H列）を削除します。

❹「見学者リストA」表のデータ（セルA4:I105）を選択し、「コピー」を実行します。「見学者リスト.xlsx」の「DM発送者一覧」表のセルA4を先頭に「貼り付け」を実行します。

❺「見学者リストB」表のデータ（セルA4：I116）をコピーし、「DM発送者一覧」表のセルA106を先頭に貼り付けをします。

※2つの表のデータが、「DM発送者一覧」表にコピーされます。

❻設問1の置換を行います。「DM発送者一覧」表の「間取り」の列（D列）を選択し、[ホーム] － [検索と選択] － [置換] をクリックします。

❼[検索と置換] ダイアログボックスの [置換] タブの [検索する文字列] に「タイプ」と入力し、[置換後の文字列] を空欄にしておきます。

❽ ［OK］をクリックします。

※置換が実行され、「17件を置換しました」とメッセージが表示されます。この件数を解答欄に転記します。

● 設問1　別解　市区町村と住所を数式で連結する

💡 考え方

　「見学者リストA」表の「市区町村」と「住所」は、文字列を連結する演算子「&」を利用すれば、数式で連結することもできます。なお、数式を使って「市区町村住所」のデータを作成した場合は、その数式内で参照している「市区町村」と「住所」のセルを削除すると、数式の表示結果がエラーになります。列を削除する前に、値貼り付けを実行して、数式の結果として表示された文字列を、「値」に変換しておく必要があります。

☝ 操作手順

❶ 「見学者リストA」表のI列に新しい列を挿入し、列見出しを「市区町村住所」と入力し、さらに、1件目のセル（ここではI4）に「新宿区北新宿2-X-X」と入力します。追加された「市区町村住所」列（I列）の1件目のセルI4に「=G4&H4」と入力し、セルI105までコピーします。

※市区町村と住所の列を連結した文字列が表示されます。

	A	B	C	D	E	F	G	H	I
1	見学者リストA								
3	受付ID	氏名	フリガナ	間取り	郵便番号	都道府県	市区町村	住所	市区町村住所
4	A0001	五十嵐 瑞枝	イガラシ ミズエ	3LDK	1690074	東京都	新宿区	北新宿2-X-X	新宿区北新宿2-X-X
5	A0002	森 百里子	モリ ユリコ	3LDK	2310861	神奈川県	横浜市中区	元町1-X-X	横浜市中区元町1-X-X
6	A0003	吉田 真紀子	ヨシダ マキコ	2LDK	1110053	東京都	台東区	浅草橋1-X-XX	台東区浅草橋1-X-XX
7	A0004	山口 加乃香	ヤマグチ カノカ	2LDK	1010021	東京都	千代田区	外神田2-X-X	千代田区外神田2-X-X
8	A0005	福原 多恵子	フクハラ タエコ	4LDK	2310045	神奈川県	横浜市中区	伊勢佐木町3-X-X	横浜市中区伊勢佐木町3-X-X
9	A0006	角田 紀世寧	ツノダ キヨミ	3LDKタイプ	2160022	神奈川県	川崎市宮前区	平4-X-X	川崎市宮前区平4-X-X
10	A0007	森川 朱美	モリカワ アケミ	3LDK	1060041	東京都	港区	麻布台5-X-X	港区麻布台5-X-X

❷ I列の計算結果を値に変換します。I列を選択して「コピー」を実行し、I列の選択を解除せずに、［ホーム］－［貼り付け∨］－［値］をクリックします。

※I列の内容が、数式から計算結果の値に置き換わります。セルI4:I105の任意のセルを選択し、数式バーで確認しておきましょう。

❸「市区町村」（G列）と「住所」（H列）を削除します。

※「市区町村住所」のデータは、そのまま残ります。

●設問2　解答例 重複の削除で残った件数を求める

💡考え方

「DM発送者一覧」表に統合した見学者データには、同じ見学者の情報が重複しています。設問2では、「DM発送者一覧」表から重複するデータを削除して、残った見学者データの件数を求めます。重複するデータの削除には、「重複の削除」機能を使いましょう。

ここでは、「受付ID」を除いたすべてのフィールドが同一である場合をレコードの重複とみなして、そのレコードを削除します。

	A	B	C	D	E	F	G
1	DM発送者一覧			「受付ID」以外のフィールドが同じ重複データを削除する。			
3	受付ID	氏名	フリガナ	間取り	郵便番号	都道府県	市区町村住所
4	A0001	五十嵐 瑞枝	イガラシ ミズエ	3LDK	1690074	東京都	新宿区北新宿2-X-X
5	A0002	森 百里子	モリ ユリコ	3LDK	2310861	神奈川県	横浜市中区元町1-X-X
	A0003	紀子	ヨシ コ	2LDK	111005		台東区 X-XX
204		谷川 有	ワユウ	DK	東京都		区九段北
205	B0100	西野 広重	ニシノ ヒロシゲ	3LDK	3360907	埼玉県	さいたま市緑区道祖土3-X-X
206	B0101	五十嵐 瑞枝	イガラシ ミズエ	3LDK	1690074	東京都	新宿区北新宿2-X-X
207	B0102	田口 公紀	タグチ キミノリ	2LDK	2340054	神奈川県	横浜市港南区港南台5-X-X
208	B0103	奥田 仁美	オクタ ヒトミ	4LDK	1700004	東京都	豊島区北大塚1-X-X

👆操作手順

❶「DM発送者一覧」表の任意のセルをクリックし、［データ］－［重複の削除］をクリックします。

※表の範囲が自動で選択され、［重複の削除］ダイアログボックスが表示されます。

❷［重複の削除］ダイアログボックスで、「受付ID」チェックボックスをOFFにし、［OK］をクリックします。

❸「重複の削除」の実行後に残ったレコード件数をメッセージで確認し、［OK］をクリックします。

※「14個の重複する値が見つかり削除されました。201個の一意の値が残ります」というメッセージが表示されます。
※残ったレコードの件数を解答欄に転記します。
※レコードの件数は、任意のフィールドのセルを選択し、ステータスバーのデータの個数で確認することもできます。

第 3 章

グラフ問題

3-1 グラフ作成のためのデータの整理方法

ここでは、スムーズなグラフ作成に欠かせない表作りのポイントを解説します。

1 グラフに必要な数字や項目を用意しておく　レベル ★★

Excelのグラフは、表を基にして作成し、表の項目や数値がグラフの領域に表示されます。たとえば、「縦棒グラフ」は、数値の大きさに応じた長さの長方形に置き換えたもので、横軸に並んだ項目や凡例は、表の見出しを基に表示されます。

言い換えれば、表に存在しない数値や項目をグラフに表すことはできません。次の2点を踏まえて、グラフに表示したい内容は、不足のないように表に用意しておきましょう。

(1) 集計を済ませておく

「合計」や「平均」など、グラフ化したい数値を計算で求める場合は、数式や集計機能を使って、事前に値を求めておきます。ただし、「円グラフ」や「100%積み上げ棒グラフ」のような内訳を表すグラフでは、項目や数値のセルを選択すれば、金額などが自動で比率に換算されます（**図表3-1-1**参照)。この場合は、表に構成比などを求めておく必要はありません。

図表3-1-1 円グラフの例

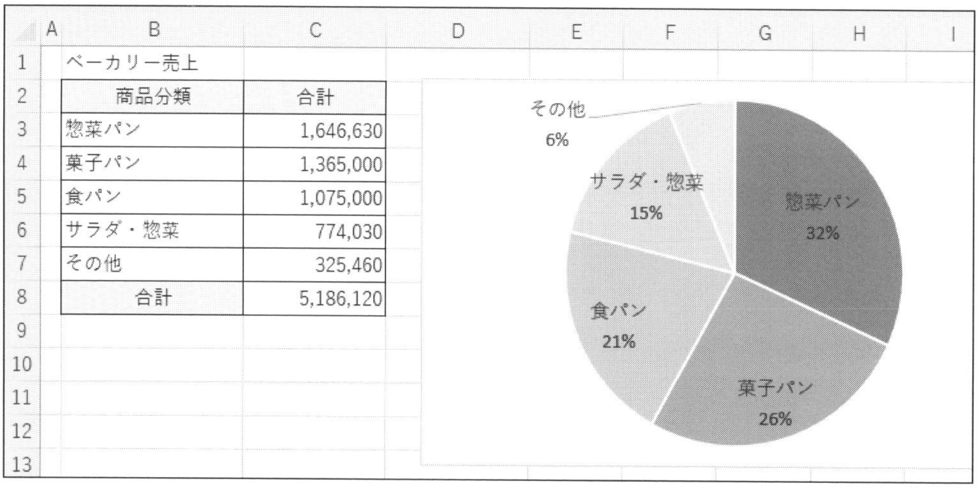

ベーカリー売上

商品分類	合計
惣菜パン	1,646,630
菓子パン	1,365,000
食パン	1,075,000
サラダ・惣菜	774,030
その他	325,460
合計	5,186,120

（2）必要に応じて項目を追加する

　グラフで見せたい項目が表になければ、表を加工して追加しましょう。たとえば、年代別の調査などで、表には「30代」と「40代」の2つの値があっても、グラフでは「30～40代」という1項目でまとめて紹介したい場合があります。この場合は、表に「30～40代」の欄を作って30代と40代の数値を合算しておきます。そして、グラフを作るさいには、30～40代としたセル範囲を選択します。

2　見せたい順にデータを並べ替える　レベル ★★

　売上金額や販売数の大きい順にグラフを見せたい場合は、「並べ替え」機能を使って、表の数値をあらかじめ金額や数量の降順で並べ替えておきます。特に、アンケートの結果をまとめた円グラフや横棒グラフでは、多数派から少数派の順に結果を紹介することが一般的です（**図表3-1-2**参照）。この場合も、データ範囲の表を数値の降順で並べ替えます。

図表3-1-2　アンケート結果を表す横棒グラフの例

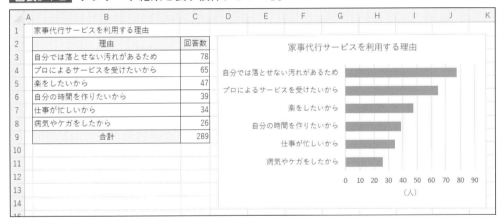

3　グラフ用にデータを抽出しておく　レベル ★★★

　表の一部の内容だけをグラフで見せたい場合は、あらかじめ「フィルター」機能を使って、表のデータを抽出しておき、その表を基にグラフを作成します。たとえば、3年分の売上データが入力された一覧表から、昨年1年間の売上だけをグラフで表したいといった場合は、グラフ化したい期間を条件にして抽出を実行します。

　上記1～3のような点を踏まえて表の準備を済ませてから、グラフ作成の操作に取り掛かると、思いどおりのグラフをスムーズに作成できます。

3-2 グラフ作成のためのヒント

ここでは、グラフの作成をスムーズに行うために、知っておきたいポイントを解説します。

1 グラフの種類と目的 レベル ★★

グラフを利用するうえで大切なのは、伝えたい内容や用途に合った種類を選ぶことです。**図表3-2-1**に示す主なグラフの種類とその目的を、頭に入れておきましょう。

図表3-2-1 主なグラフの種類と用途

種類	特徴と用途
縦棒	数値の大きさを棒の長さで表すグラフ。数値の比較全般に使用できる。集合、積み上げ、100％積み上げ（帯グラフ）の3種類を使い分ける。
折れ線	時間の経過による数量や順位の変化を示すグラフ。横軸には日付など時系列の項目を配置する。
円	全体に対する項目の割合を示すグラフ。1つの内容（系列）の内訳を表すさいに使う。
ドーナツ	中央に穴が開いた円形のグラフ。円グラフと異なり、複数の系列を同心円状に表示して比較できる。
横棒	横向きの棒グラフ。項目が長くて縦棒グラフでは配置しいくい場合に便利である。集合、積み上げ、100％積み上げ（帯グラフ）の3種類を使い分ける。
レーダーチャート	中心からの距離を線で結んだ放射状の図形で表示するグラフ。複数項目間における評価のバランスを表す。
組み合わせグラフ（複合グラフ）	縦棒と折れ線といった異なる種類のグラフを組み合わせたグラフ。単位が異なる2種類のデータを同じ領域で表すことができる。
散布図 レベル ★★★	縦横の両軸に数値を配置して交差する位置に点を置いたグラフ。統計データなどの分布状況を表し、傾向を読み取るさいに使用する（第3章第2節4項参照）。
ヒストグラム レベル ★★★	区間ごとにデータの出現回数をまとめた縦棒グラフ。統計データのばらつき、分布状況を調べるときに使う（第3章第2節5項参照）。
パレート図 レベル ★★★	項目ごとの数値を降順に並べた縦棒と、累積構成比を表す折れ線を組み合わせたグラフ。製造管理や商品の売上分析などに使う（第3章第2節6項参照）。

2 グラフの作成手順 レベル ★

グラフ作成の手順は、次のとおりです。

手順

● 「グラフの作成.xlsx」を使って内容を確認できます。

※ここでは、集合縦棒グラフを作成します。

❶データ範囲となるセル（この例ではB2:E5）を選択して、［挿入］－［縦棒/横棒グラフの挿入］―［集合縦棒］をクリックします。

※［グラフ］グループのボタンから目的のグラフの種類を選択します。

図表3-2-2 グラフの種類の選択方法

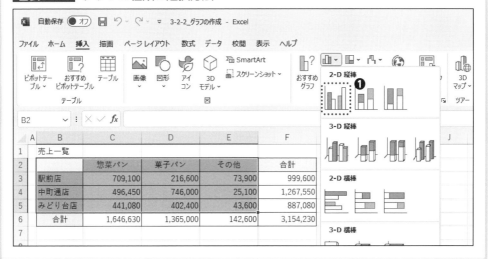

✏memo

作成するグラフの種類は、すべてのグラフの一覧から選択することもできます。

すべてのグラフの一覧を表示するには、［グラフ］グループの［おすすめグラフ］または🔽をクリックし、［グラフの挿入］ダイアログボックスで［すべてのグラフ］タブを開きます。❶でグラフの大まかな分類を選択し、❷で詳細なグラフの種類を選択すると、選択

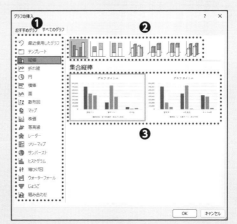

されたセルの内容を基にしたグラフの完成イメージが、❸に表示されます。目的のグラフに近いイメージを選んで、［OK］をクリックすれば、グラフを作成できます。

3 見やすいグラフにするための加工方法　レベル ★★

　作成したグラフを実用的でわかりやすいグラフに仕上げるには、足りない要素を追加したり、書式を設定したりする加工が必要です。そのための操作を確認しましょう。

● 「グラフの加工.xlsx」を使って内容を確認できます。

（1）グラフの各部の名称と選択方法

　グラフの各部の名称を知っておきましょう。グラフ要素にマウスポインターを合わせると名称が表示されるため、名称を確認してからクリックすると、要素を間違えずに選択できます。その後、［グラフのデザイン］タブや［書式］タブのボタンを使って編集の操作を行います。

図表3-2-3　グラフの各部の名称

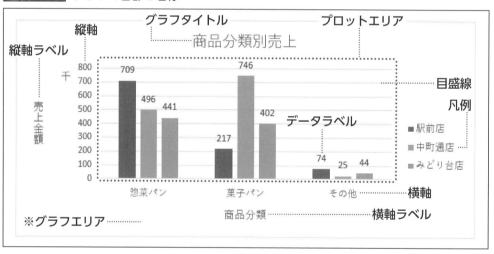

※グラフエリア：グラフが表示される領域のことです。グラフエリアを選択する場合は余白部分をクリックします。

memo

　クリックで選択しにくい小さな要素は、［書式］－［グラフ要素］の「﹀」をクリックして、ドロップダウンリストから名称を選択すると確実です。

memo

　棒グラフの棒を1本だけ選択したり、円グラフの扇形を1つだけ選択したりするには、対象となる棒や扇形の上で 2回クリックします。1回目のクリックで系列全体（棒グラフの場合は同じ色のすべての棒、円グラフの場合は円全体）が選択され、2回目のクリックで対象となる棒や扇形だけが選択されます。

（2）グラフ要素の追加と削除

　グラフに必要な要素が足りないときは、次の手順で追加できます。また、不要な要素はクリックして選択し、Deleteキーを押すと削除できます。

 手順

※ここでは、軸ラベルをグラフの縦軸に追加します。

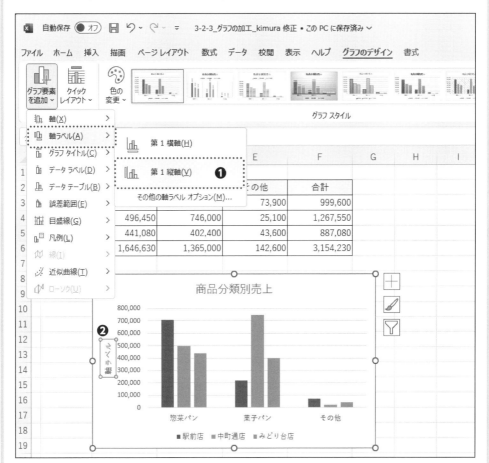

❶グラフエリアをクリックし、［グラフのデザイン］－［グラフ要素を追加］から、追加したい要素（ここでは［軸ラベル］－［第1縦軸］）をクリックします。

❷軸ラベルの上でクリックし、カーソルが表示されたら、文字列を編集（ここでは、「円」と入力）します。

※選択肢の一番下にある「その他の○○オプション」をクリックすると、書式設定の作業ウィンドウが表示され、要素の追加と詳細な設定を、同時に行うことができます。

（3）グラフの各部の書式設定

　グラフの要素は、［書式設定］作業ウィンドウで詳細な設定ができます。

手 順

※ここでは、凡例の位置を右に変更します。

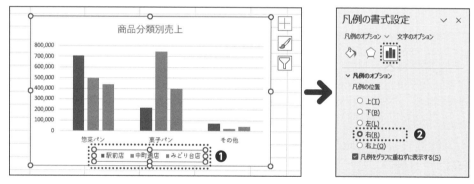

❶対象となるグラフの要素（ここでは「凡例」）をダブルクリックします。
　※ダブルクリックしにくい細かい要素の場合は、対象となるグラフの要素を選択し、［書式］－［選択対象の書式設定］をクリックする方法もあります。

❷表示された［○○の書式設定］作業ウィンドウで設定（ここでは［凡例のオプション］－［凡例の位置］で「右」を選択）します。
　※設定内容は、その場でグラフに反映されます。確認後、右上の「×」ボタンをクリックして、作業ウィンドウを閉じておきましょう。

（4）テキストボックスの利用

　テキストボックスを追加すると、グラフで訴えたい内容を明確に伝えられます。テキストボックスは、強調したい箇所の近くに配置します。

手順

❶ グラフエリアをクリックし、［挿入］－［横書きテキストボックスの描画］（または［書式］－［テキストボックス］）をクリックします。

※グラフエリアを選択してからテキストボックスを挿入すると、テキストボックスはグラフ要素の一部として扱われ、グラフを移動したときにテキストボックスも一緒に移動します。

❷ グラフエリア内をクリックして、テキストボックスの枠線が表示されたら、文字を入力します。

※入力した文字が枠線内に収まらなくても、問題はありません。

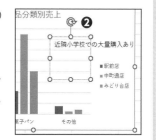

❸ 入力後、テキストボックスの枠線の上にマウスポインターを合わせてドラッグし、適切な位置にテキストボックスを移動しておきます。

4 高度なグラフ1：散布図 レベル ★★★

（1）散布図の使用方法

　散布図とは、横軸と縦軸の2つの軸に数値を取り、交差する位置にデータを点で配置して、分布状況を表すグラフです。2つの項目の間に、「相関関係」があるかどうかを調べる用途で利用します。相関関係とは、片方の項目の数値が変化すると、もう片方の項目の数値も変化する関係をいいます。

　図表3-2-4は、1日の最高気温を横軸に配置し、コンビニエンスストアの店舗でのアイスコーヒーの販売数を縦軸に配置して作成した散布図です。

図表3-2-4 散布図の例

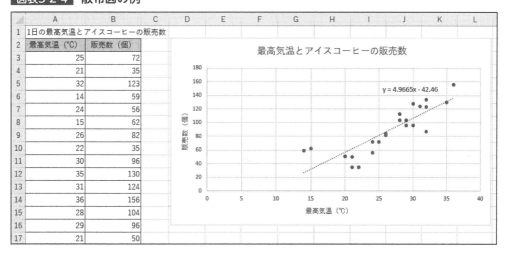

●「散布図.xlsx」を使って操作を確認できます。

❶相関関係を調べたい2列の数値のセル（ここではA3:B25）を選択して、［挿入］
－［散布図（X,Y）またはバブルチャートの挿入］－［散布図］をクリックします。

※データ範囲には、数値が入力されたセルのみを指定します。

※選択範囲のうち、左の列を x 軸、右の列を y 軸と呼びます。x 軸の数値が横軸に配置され、y 軸の数値が縦軸に配置されます。

❷グラフタイトル、軸ラベル、近似曲線（memo参照）などを適宜追加します。

✎memo

「近似曲線」とは、散布図で表示された複数の点のできるだけ近くを通るように引いた線のことです。**図表3-2-4**には、直線の近似曲線（回帰直線）と、その内容を表した数式（回帰方程式）を追加しています。回帰方程式を利用すれば、x 軸の数値に基づいて y 軸の値を予測できます。

散布図に回帰直線や回帰方程式を追加するには、［グラフのデザイン］－［グラフ要素を追加］－［近似曲線］－［その他の近似曲線オプション］をクリックし、［近似曲線の書式設定］作業ウィンドウの［近似曲線のオプション］で「線形近似」を選択し、［グラフに数式を表示する］チェックボックスをONにします。

(2) 散布図の見方

散布図の点の散らばり具合によって、相関関係の有無・内容を次のように判断できます。

①点の分布が右肩上がりの形になる場合

片方のデータの値が増加すれば、もう片方のデータも増加する「正の相関」の関係にあると判断できます。

②点の分布が右肩下がりの形になる場合

片方のデータの値が増加すれば、もう片方のデータが減少する「負の相関」の関係にあると判断できます。

③点のばらつきが大きい場合

2つのデータの間に相関関係はないと判断できます。

図表3-2-4では、最高気温が高いほどアイスコーヒーの販売数も多くなる右肩上がりの形状から、最高気温とアイスコーヒーの販売数には、正の相関関係があると判断できます。

5 高度なグラフ2：ヒストグラム レベル ★★★

（1）ヒストグラムの使用方法

ヒストグラムとは、観測されたデータの値をいくつかの範囲（階級）に区切って、その中に含まれるデータの個数（度数）を縦棒の長さで表したグラフです。ヒストグラムは、データのばらつきを視覚的に表したいときに利用します。

図表3-2-5は、ある美容院での顧客の年齢層のばらつきを表したヒストグラムです。

図表3-2-5 ヒストグラムの例

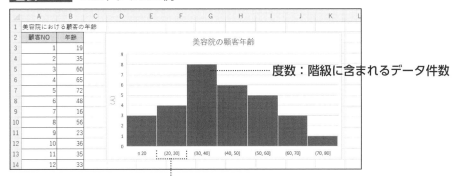

階級：数値のグループ

手順

● 「ヒストグラム.xlsx」を使って操作を確認できます。

❶ばらつきを調べたい数値のセル（ここではB3:B32）を選択して、［挿入］－［統計グラフの挿入］－［ヒストグラム］をクリックします。

※データ範囲には、数値が入力されたセルのみを指定します。
※グラフタイトル、軸ラベルなどを適宜追加します。なお、ヒストグラムでは、軸ラベルの文字の向きを変えることはできません。

❷階級が「20歳未満」「20歳以上30歳未満」「30歳以上40歳未満」というように、10歳刻みで並び、先頭の階級が20歳未満をまとめて表示するように設定します。

横軸の上で右クリックし、さらに、ショートカットメニューから［軸の書式設定］をクリックします。［軸の書式設定］作業ウィンドウの［軸のオプション］で［ビンの幅］を選択し、右の欄に「10」と入力します。［ビンのアンダーフロー］チェックボックスをONにし、「20」と入力します。

※「ビン」とは、階級を意味します。「ビンの幅」で1つの階級の範囲を数値指定できます。
※「ビンのアンダーフロー」とは、1つ目の階級を「～以下」と設定することです。「ビンのアンダーフロー」チェックボックスをONにして、空欄に区切りとなる数値を入力すれば、2つ目以降の階級を切りのよい数値のグループにできます。

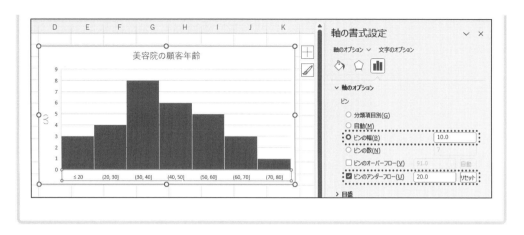

（2）ヒストグラムの見方

ヒストグラムでは、横幅の広がりでデータのばらつきを確認でき、棒の高さでデータがどこに集中しているのかを把握できます。山は1つなのか、2つなのか、それとも小さな山が複数あるのかといった全体の形状からも、ばらつき具合を確認できます。

図表3-2-5では、30歳以上40歳未満の棒を頂点とする1つの山の形になっています。したがって、美容院の顧客は、30代を中心に、40代、50代といった中高年層が主であり、20代、10代の若年層が次いで多い年齢構成であることが読み取れます。

6 高度なグラフ3：パレート図　　　　　レベル ★★★

（1）パレート図の使用方法

パレート図とは、値の降順に並ぶ棒グラフと、その構成比の累積を表す折れ線グラフを組み合わせたグラフです。主に品質管理で発生している問題や、販売している商品などの中で大きな割合を占める内容を特定する用途で使われます。

図表3-2-6は、あるホームセンターチェーンでの1年間の商品分類別売上を分析したパレート図です。

Excelでは、グラフの種類で「パレート図」を選択すれば、複合グラフが作成され、数値を表す棒グラフは自動で降順に並びます。構成比の累計も同時に求められ、第2軸に目盛りを持つ折れ線グラフで表示されます。

図表3-2-6 パレート図の例

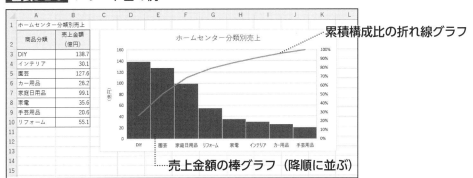

累積構成比の折れ線グラフ

売上金額の棒グラフ（降順に並ぶ）

手 順

● 「パレート図.xlsx」を使って操作を確認できます。

❶項目名のセルと数値のセル（ここではA3:B10）を選択し、［挿入］－［統計グラフの挿入］－［パレート図］をクリックします。

※グラフタイトル、軸ラベルなどを適宜追加します。

※売上構成比の累計は自動で求められるため、データ範囲の表に数式で求めておく必要はありません。また、売上金額の縦棒グラフは自動で降順に並ぶため、表のデータを金額の降順に並べ替える必要はありません。

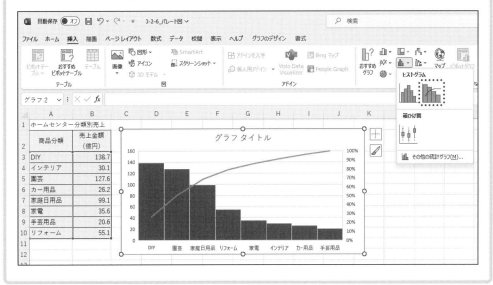

(2) パレート図の見方

　パレート図の結果を見れば、売上の大きい商品やクレーム件数の多い項目を、構成比も含めて把握できます。

　図表3-2-6では、DIYと園芸関連の売上が大きく、両者を合わせると総売上の50%近くを占めることがわかります。

（3）ABC分析との併用

パレート図は、「ABC分析」の結果を表すグラフとしても利用されます。ABC分析とは、商品などを構成比の大きい順にランク付けして、優先度を決めて管理するための手法です。

図表3-2-7では、商品分類を売上金額の構成比（C列）の降順に並べ替えて、「ABC分析」欄（E列）にランクを表示しています。構成比の累計（D列）が50％以下であれば「A」と表示し、50％より大きく90％以下であれば「B」と表示し、90％より大きければ「C」と表示しています。表の評価に合わせて、パレート図の棒グラフも色分けすれば、A～Cのランクが一目瞭然になります。

なお、ABC分析でランクを求めるには、IF関数を使用します。また基になる構成比の累計や構成比も、あらかじめ数式で求めておく必要があります。

図表3-2-7 ABC分析の例

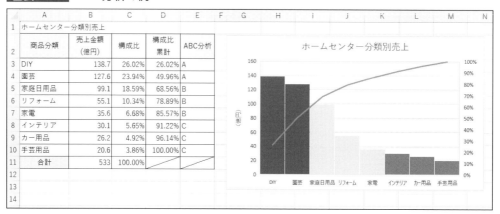

・セルC3の数式：=B3/$B$11 （セルC11までコピー）
・セルD3の数式：=C3
・セルD4の数式：=D3+C4 （セルD10までコピー）
・セルE3の数式：=IF(D3<=0.5,"A",IF(D3<=0.9,"B","C")) （セルE10までコピー）

3-3 グラフ問題課題

課題 01

レベル ★★

あなたは、ある旅行会社の企画部に所属し、国内旅行の企画を担当しています。
上司から「『国内旅行の形態希望調査』表のデータを使用して、会議資料用にグラフを作成して欲しい」とメモを渡されました。
メモを基に、「3章課題_01.xlsx」の「国内旅行の形態希望調査」表のデータを使用して、解答欄の赤枠内に適切なグラフを作成し、上書き保存しなさい。
なお、グラフ化に必要な数値は各自で求めるものとし、指示にないグラフのデザインや文字の色などについては任意でよいものとする。

上司のメモ

- ・希望する旅行形態別に、年代別回答数の内訳と全体回答数を同時に比較できる横棒グラフを作成する。
- ・「65～74歳」と「75歳以上」の値を合算し「65歳以上」の項目にまとめる。
- ・グラフのタイトルは集計に使用する表のタイトルと同じにする。
- ・グラフの旅行形態の軸の上側からの並びを、集計に使用する表と同じ順に表示する。

解答例 積み上げ横棒グラフを作成する

考え方

　この課題では、希望する旅行形態別に、回答者数の年代別内訳と全体の回答数の両方を比較できる横棒グラフを作成します。横棒グラフの詳細な種類には、メモの説明から、個別の要素を横に積み上げて全体量も同時に表す「積み上げ横棒」が適していると判断できます。また、グラフでは「65～74歳」と「75歳以上」の2項目を「65歳以上」という項目にまとめるため、表に「65歳以上」の見出しを作り、数値を合算しておきましょう。

❶「65歳以上」の項目を追加し、「65～74歳」と「75歳以上」の人数を合計する。

・「国内旅行の形態希望調査」表

	旅行のタイプ	18～24歳	25～34歳	35～44歳	45～54歳	55～64歳	65～74歳	75歳以上	65歳以上
1	国内旅行の形態希望調査								
2								(単位:人)	
4	一人旅	888	986	1,044	1,349	1,141	1,013	64	1,077
5	パートナーとの旅行	926	1,488	1,228	1,821	2,071	1,580	265	1,845
6	家族旅行（子供を含む）	284	1,076	2,220	1,565	457	497	84	581
7	家族旅行（子供を含まない）	392	415	332	758	824	466	132	598
8	友人との旅行	1,309	1,140	891	978	985	1,388	56	1,444
9	団体旅行	212	117	114	125	84	43	26	69
10	合計	4,011	5,222	5,829	6,596	5,562	4,987	627	
12	解答欄								

　なお、横棒グラフでは、縦軸の項目の並び順がデータ範囲の表とは逆になります。上司のメモの指示にあるように、「旅行のタイプ」の並びを表と揃えるには、縦軸を反転させます。また、グラフタイトルを表のタイトルと常に同じ内容にするには、表タイトルのセルB1にリンクを設定します。

・完成したグラフ

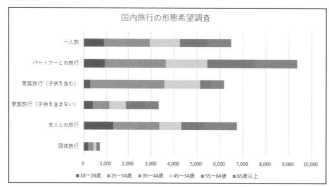

操作手順

❶表の右端に「65歳以上」の欄を作ります。セルJ3に「65歳以上」と見出しを入力し、セルJ4に「=SUM(H4:I4)」と数式を入力して、セルJ9までコピーします。

※「=H4+I4」と足し算の式を入力してもよいです。

	A	B	C	D	E	F	G	H	I	J
1		国内旅行の形態希望調査								
2										(単位:人)
3		旅行のタイプ	18～24歳	25～34歳	35～44歳	45～54歳	55～64歳	65～74歳	75歳以上	65歳以上
4		一人旅	888	986	1,044	1,349	1,141	1,013	64	1,077
5		パートナーとの旅行	926	1,488	1,228	1,821	2,071	1,580	265	1,845
6		家族旅行(子供を含む)	284	1,076	2,220	1,565	457	497	84	581
7		家族旅行(子供を含まない)	392	415	332	758	824	466	132	598
8		友人との旅行	1,309	1,140	891	978	985	1,388	56	1,444
9		団体旅行	212	117	114	125	84	43	26	69
10		合計	4,011	5,222	5,829	6,596	5,562	4,987	627	
11										

❷横棒グラフを作成します。セルB3:G9とセルJ3:J9を選択し、[挿入]-[縦棒/横棒グラフの挿入]-[積み上げ横棒]をクリックします。

※グラフのデータ範囲には、B列の「旅行のタイプ」とC～G列、J列の各年代の回答数を指定します。離れた範囲を選択するには、Ctrlキーを押しながらドラッグします。

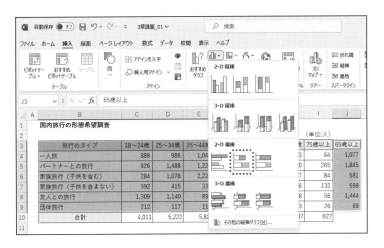

❸縦軸に「年代」、凡例に「旅行のタイプ」が表示された積み上げ横棒グラフが作成されます。両者を入れ替えるために、[グラフのデザイン]-[行/列の切り替え]をクリックします。

※縦軸に「旅行のタイプ」、凡例に「年代」が表示されたグラフに変わります。

※グラフを解答欄の赤枠内に移動し、サイズを調整しておきます。

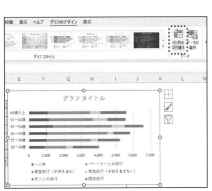

❹グラフタイトルを設定します。グラフタイトルをクリックし、周囲に選択ハンドルが表示された状態で数式バーをクリックします。「=」を入力し、セルB1をクリックします。

※数式バーに「=問題!$B$1」と表示されます。確定すると、セルB1に入力された文字列がグラフタイトルに表示されます。

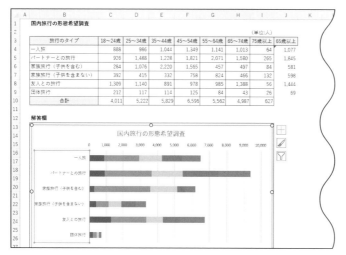

❺作業ウィンドウを表示して、縦軸の設定をします。縦軸の上でダブルクリックし、[軸の書式設定]作業ウィンドウの[軸のオプション]で[軸を反転する]チェックボックスをONにします。

※縦軸の項目が、表と同じ順番で表示されます。

課題 02

あなたは、ある企業の人事部に所属し、社員研修の実施を担当しています。

上司から「『社内IT研修試験結果』表のデータを使用して、会議資料用にグラフを作成して欲しい」とメモを渡されました。

メモを基に、「3章課題_02.xlsx」の「社内IT研修試験結果」表のデータを使用して、解答欄の赤枠内に適切なグラフを作成し、上書き保存しなさい。

なお、グラフ化に必要な数値は各自で求めるものとし、指示にないグラフのデザインや文字の色などについては任意でよいものとする。

上司のメモ

- ・研修科目の試験の平均点とそのバランスを、部署別に比較するレーダーチャートを作成する。平均点は小数点第2位以下を切り捨てて、小数点第1位まで表示する。
- ・グラフのタイトルは不要。
- ・目盛間隔を10点ずつの表示にする。
- ・制作部の平均点が最も低い科目の項目名の付近に「制作部の再受講を検討」と、グラフに文言を追加する。

解答例 レーダーチャートを作成する

考え方

この課題では、研修科目の試験の平均点とそのバランスを、部署別に比較するレーダーチャートを作成します。まずは、比較に使う部署別の平均点を、表のセルD18:H19に求めます。そのさい、同じ部署の社員データが隣接するように、あらかじめ表のデータを並べ替えておくと、AVERAGE関数での集計がスムーズにできます。次に、試験科目名が入力されたセルと、2つの部署の平均点を求めたセルを選択して、レーダーチャートを作成します。

・「社内IT研修試験結果」表

	A	B	C	D	E	F	G	H
1		社内IT研修試験結果						
2								
3		社員NO	部署	Excel活用	データ分析	ITリテラシー	論理的思考	プレゼン実践
4		1001	営業部	66	77	33	39	66
5		1002	営業部	77	55	66	50	66
6		1003	営業部	66	99	88	61	77
7		1005	営業部	77	55	44	39	99
8		1008	営業部	55	77	55	83	77
9		1009	営業部	77	99	55	83	99
10		1011	営業部	99	88	66	72	88
11		1014	営業部	88	66	44	50	88
12		1004	制作部	88	97	77	72	66
13		1006	制作部	65	99	77	39	55
14		1007	制作部	75	99	77	83	66
15		1010	制作部	55	99	33	39	55
16		1012	制作部	44	88	55	17	66
17		1013	制作部	80	99	99	61	88
18			営業部平均	75.6	77.0	56.3	59.6	82.5
19			制作部平均	67.8	96.8	69.6	51.8	66.0
20					※試験の得点を100点満点で評価			
21								

❶「営業部」「制作部」の得点が隣接するよう、データを並べ替える。

❷「営業部」「制作部」別に得点の平均を求める。

作成したレーダーチャートでは、目盛が10点ずつ表示されるよう、軸の書式を変更します。最後に、表とグラフから制作部の平均点が最も低い科目を探して、テキストボックスでグラフ内にコメントの文字列を入力します。

・完成したグラフ

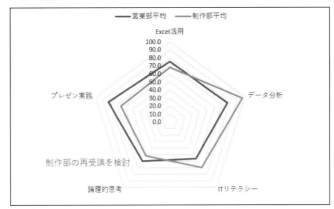

👆 **操作手順**

❶ セルB3:H17を選択し、[データ] − [並べ替え] をクリックします。

※18行目以降のセルを含めずに並べ替えを行うため、表の範囲をドラッグして選択しておきます。

❷ [並べ替え] ダイアログボックスで [列] に「部署」を選択し、[順序] に「昇順」を選択し、[OK] ボタンをクリックします。

※「部署」（C列）の昇順で表全体が並べ替えられます。ここでは、同じ部署のデータが1か所に集まればよいため、昇順・降順は問いません。

❸ 得点の平均値を小数点第1位まで求めます。「営業部平均」のセルD18に数式「=ROUNDDOWN(AVERAGE(D4:D11),1)」を入力し、「制作部平均」のセルD19に数式「=ROUNDDOWN(AVERAGE(D12:D17),1)」を入力します。セルD18:D19を選択した状態で、H列までコピーします。

	社員NO	部署	Excel活用	データ分析	ITリテラシー	論理的思考	プレゼン実践
1	社内IT研修試験結果						
2							
3	社員NO	部署	Excel活用	データ分析	ITリテラシー	論理的思考	プレゼン実践
4	1001	営業部	66	77	33	39	66
5	1002	営業部	77	55	66	50	66
6	1003	営業部	66	99	88	61	77
7	1005	営業部	77	55	44	39	99
8	1008	営業部	55	77	55	83	77
9	1009	営業部	77	99	55	83	99
10	1011	営業部	99	88	66	72	88
11	1014	営業部	88	66	44	50	88
12	1004	制作部	88	97	77	72	66
13	1006	制作部	65	99	77	39	55
14	1007	制作部	75	99	77	83	66
15	1010	制作部	55	99	33	39	55
16	1012	制作部	44	88	55	17	66
17	1013	制作部	80	99	99	61	88
18		営業部平均	75.6	77.0	56.3	59.6	82.5
19		制作部平均	67.8	96.8	69.6	51.8	66.0
20						※試験の得点を100点満点で評価	

※ セルD18に営業部の平均点を求めるには、AVERAGE関数でセルD4:D11の平均値を求め、ROUNDDOWN関数でその結果の小数点以下第2位を切り捨てて、小数第1位までの数値にします。並べ替えを行ったため、AVERAGE関数の引数に一連のセル範囲を指定できます。制作部の平均点を求める場合も同様です。

❹ レーダーチャートを作成します。セルC3:H3とセルC18:H19を選択し、[挿入] − [ウォーターフォール図、じょうごグラフ、株価チャート、等高線グラフ、レーダーチャートの挿入] − [レーダー] をクリックします。

※レーダーチャートのデータ範囲には、3行目の研修科目と18行目、19行目に求めた平均点を指定します。
※離れた範囲を選択するには、Ctrlキーを押しながらドラッグします。

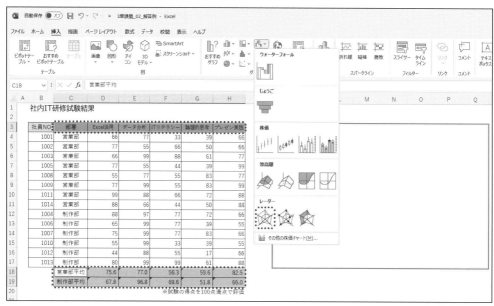

❺レーダーチャートを解答欄の枠内に移動し、サイズを調整します。「グラフタイトル」を選択し、Deleteキーを押します。

※グラフタイトルが削除されます。

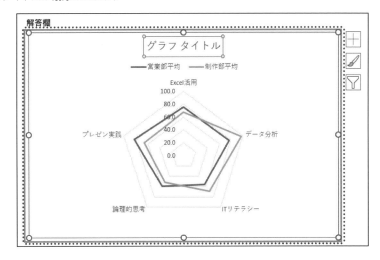

❻目盛りの上で右クリックし、ショートカットメニューから［軸の書式設定］をクリックします。［軸の書式設定］作業ウィンドウの［軸のオプション］で、［単位］の［主］に「10」と入力します。

※軸の目盛りが10点単位で表示されます。

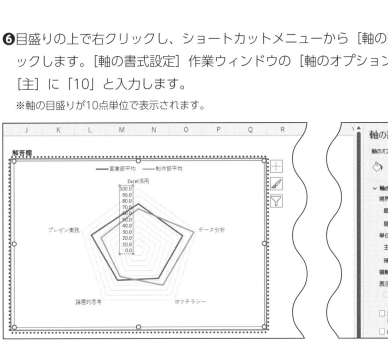
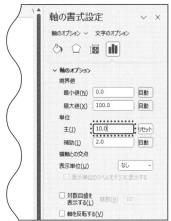

❼テキストボックスを追加します。グラフエリアをクリックし、［挿入］－［横書きテキストボックスの描画］をクリックします。

※あらかじめグラフエリアを選択してからテキストボックスを挿入します。

❽レーダーチャートの「論理的思考」の近くをクリックし、「制作部の再受講を検討」と入力します。

※入力後、テキストボックスのサイズと位置を調整します。
※文字が目立つように、色を変えたり太字にしたりしてもよいです。

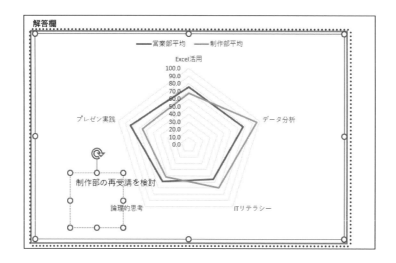

別解 平均点をAVERAGEIF関数で求める（エキスパート級のスキル標準）

考え方

　AVERAGEIF関数を利用して、セルD18に「=AVERAGEIF($C$4:$C$17,"営業部",D$4:D$17)」と入力する方法でも、部署別に平均点を求められます。この方法であれば、表を並べ替える手間を省くことができます。数式を入力するときには、その後のコピーで正しいセルが参照されるよう、引数「範囲」を絶対参照で指定し、「平均対象範囲」を行番号だけ固定にする複合参照で指定することがポイントです。

操作手順

❶ セルD18に、AVERAGEIF関数の式を「=AVERAGEIF($C$4:$C$17,"営業部",D$4:D$17)」と入力します。

※この数式では、セルC4:C17で「営業部」と入力されたセルを検索し、最初の科目の点数が入力されたセルD4:D17の中から、同じ「営業部」の行のセルだけを対象にして平均値が求められます。

❷ セルD18をD19にコピーし、数式内の「営業部」を「制作部」に変更します。

※変更後の数式は、「=AVERAGEIF($C$4:$C$17,"制作部",D$4:D$17)」となり、制作部の最初の科目の平均点が求められます。

❸セルD18:D19を選択した状態で、H列までコピーします。

	社員NO	部署	Excel活用	データ分析	ITリテラシー	論理的思考	プレゼン実践
	社内IT研修試験結果						
	社員NO	部署	Excel活用	データ分析	ITリテラシー	論理的思考	プレゼン実践
	1001	営業部	66	77	33	39	66
	1002	営業部	77	55	66	50	66
	1003	営業部	66	99	88	61	77
	1004	制作部	88	97	77	72	66
	1005	営業部	77	55	44	39	99
	1006	制作部	65	99	77	39	55
	1007	制作部	75	99	77	83	66
	1008	営業部	55	77	55	83	77
	1009	営業部	77	99	55	83	99
	1010	制作部	55	99	33	39	55
	1011	営業部	99	88	66	72	88
	1012	制作部	44	88	55	17	66
	1013	制作部	80	99	99	61	88
	1014	営業部	88	66	44	50	88
		営業部平均	75.6	77.0	56.4	59.6	82.5
		制作部平均	67.8	96.8	69.7	51.8	66.0
						※試験の得点を100点満点で評価	

=AVERAGEIF($C$4:$C$17,"営業部",D$4:D$17)

=AVERAGEIF($C$4:$C$17,"制作部",D$4:D$17)

あなたは、あるデパートの企画部に所属し、催事の売上管理を担当しています。

上司から「先日のカレーフェアでの売上額を商品ごとに比較できるグラフを作成して欲しい」とメモを渡されました。

メモを基に、「3章課題_03.xlsx」の「カレーフェア売上表」のデータを使用して、解答欄の赤枠内に適切なグラフを作成し、上書き保存しなさい。

なお、グラフ化に必要な数値は各自で求めるものとし、指示にないグラフのデザインや文字の色などについては任意でよいものとする。

上司のメモ

> ・商品ごとに、「イートイン」と「持ち帰り」の合計売上金額を比較するための縦棒グラフを作成する。なお、グラフは「持ち帰り」の合計売上金額の高い順に表すものとする。
> ・グラフのタイトルは「商品別売上」とし、凡例はグラフの上に表示する。
> ・系列「持ち帰り合計」のすべての要素の外側に、金額の値を表示する。

課題 **03**　**解説**　考え方と操作手順

解答例 縦棒グラフを作成する

考え方

　この課題では、「イートイン」と「持ち帰り」の合計売上金額を商品ごとに比較する縦棒グラフを作成します。「カレーフェア売上表」のM列とN列に合計売上金額を求めるには、セルM5に「イートインの定価×4日間の販売数の合計」となる数式を入力し、右・下の2方向にコピーします。イートインの定価はC列に、4日間の販売数は、E列、G列、I列、K列にそれぞれ入力されているため、該当するセルを数式で適切に参照させる点がポイントです。

・カレーフェア売上表

品名	定価 イートイン	定価 持ち帰り	販売数・1日目 イートイン	販売数・1日目 持ち帰り	販売数・2日目 イートイン	販売数・2日目 持ち帰り	販売数・3日目 イートイン	販売数・3日目 持ち帰り	販売数・4日目 イートイン	販売数・4日目 持ち帰り	合計売上金額 イートイン合計	合計売上金額 持ち帰り合計
ポークカレー	1,280	1,020	12	15	10	11	10	15	10	10	53,760	52,020
チキンカレー	1,280	1,020	10	15	20	12	14	10	9	15	67,840	53,040
コロッケカレー	1,080	860	15	10	11	18	12	15	12	20	54,000	54,180
ビーフカレー	1,560	1,240	18	20	14	15	14	13	20	15	102,960	80,600
シーフードカレー	1,460	1,160	20	13	25	22	15	20	16	20	110,960	87,000
スタミナカレー	1,680	1,340	35	20	33	30	32	28	42	30	238,560	144,720
ハンバーグカレー	1,180	940	10	16	7	26	11	25	13	20	48,380	89,300
ハヤシライス	1,280	1,020	11	4	12	8	15	10	5	8	55,040	30,600
温野菜健康カレー	1,380	1,100	35	35	42	50	38	45	33	15	204,240	159,500
合計			166	148	174	192	161	181	160	163	935,740	750,960

┈┈ ❶「イートイン」と「持ち帰り」の合計売上金額を求める数式を入力する。

❷表を並べ替える。

　次に、表全体をN列の「持ち帰り合計」の降順で並べ替えてからグラフを作成します。縦棒グラフの種類には、一般的な数値の比較に適した「集合縦棒」を選択します。最後に、グラフタイトルと凡例の編集、データラベルの追加を行い、グラフを完成させます。

・完成したグラフ

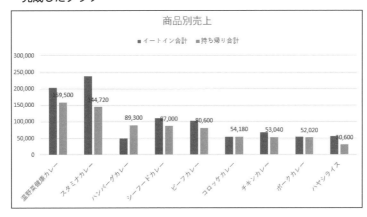

❶最初の商品の「イートイン」と「持ち帰り」の合計売上金額を求めます。「カレーフェア売上表」のセルM5に数式を「=C5*SUM(E5,G5,I5,K5)」と入力し、セルN5までコピーします。

	商品名	定価 イートイン	定価 持ち帰り	販売数・1日目 イートイン	販売数・1日目 持ち帰り	販売数・2日目 イートイン	販売数・2日目 持ち帰り	販売数・3日目 イートイン	販売数・3日目 持ち帰り	販売数・4日目 イートイン	販売数・4日目 持ち帰り	合計売上金額 イートイン合計	合計売上金額 持ち帰り合計
カレーフェア売上表													
	ポークカレー	1,280	1,020	12	15	10	11	10	15	10	10	53,760	52,020
	チキンカレー	1,280	1,020	10	15	20	12	14	10	9	15		
	コロッケカレー	1,080	860	15	10	11	18	12	15	12	20		
	ビーフカレー	1,560	1,240	18	20	14	15	14	13	20	17		

❷セルM5:N5を選択した状態で、13行目までコピーします。

	商品名	定価 イートイン	定価 持ち帰り	販売数・1日目 イートイン	販売数・1日目 持ち帰り	販売数・2日目 イートイン	販売数・2日目 持ち帰り	販売数・3日目 イートイン	販売数・3日目 持ち帰り	販売数・4日目 イートイン	販売数・4日目 持ち帰り	合計売上金額 イートイン合計	合計売上金額 持ち帰り合計
カレーフェア売上表													
	ポークカレー	1,280	1,020	12	15	10	11	10	15	10	10	53,760	52,020
	チキンカレー	1,280	1,020	10	15	20	12	14	10	9	15	67,840	53,040
	コロッケカレー	1,080	860	15	10	11	18	12	15	12	20	54,000	54,180
	ビーフカレー	1,560	1,240	18	20	14	15	14	13	20	17	102,960	80,600
	シーフードカレー	1,460	1,160	20	13	25	22	15	20	16	20	110,960	87,000
	スタミナカレー	1,680	1,340	35	20	33	30	32	28	42	30	238,560	144,720
	ハンバーグカレー	1,180	940	10	16	7	26	11	25	13	28	48,380	89,300
	ハヤシライス	1,280	1,020	11	4	12	8	15	10	5	8	55,040	30,600
	温野菜健康カレー	1,380	1,100	35	35	42	50	38	45	33	15	204,240	159,5
	合計			166	148	174	192	161	181	160	163	935,740	750,960

※数式の中で相対参照が働くため、「イートイン合計」「持ち帰り合計」のすべてのセルに金額を正しく求められます。

❸表全体を並べ替えます。セルB4:N13を選択し、［データ］－［並べ替え］をクリックします。

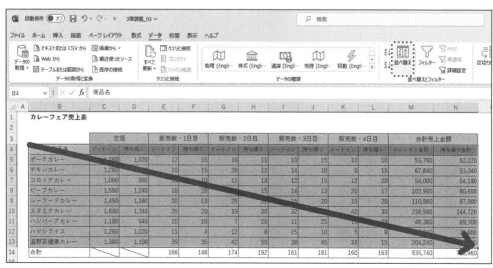

※隣接する見出しや合計欄を含めずに並べ替えを行うため、表の範囲を選択しておきます。

❹［並べ替え］ダイアログボックスで［列］に「持ち帰り合計」を選択し、［順序］
に「大きい順」を選択して、［OK］ボタンをクリックします。

※「持ち帰り合計」（N列）の降順で、表全体が並べ替えられます。

❺縦棒グラフを作成します。セルB4:B13とセルM4:N13を選択し、［挿入］－［縦
棒/横棒グラフの挿入］－［集合縦棒］をクリックします。

※グラフのデータ範囲には、B列の商品名とM列、N列に求めた合計売上金額を指定します。
※離れた範囲を選択するには、Ctrlキーを押しながらドラッグします。

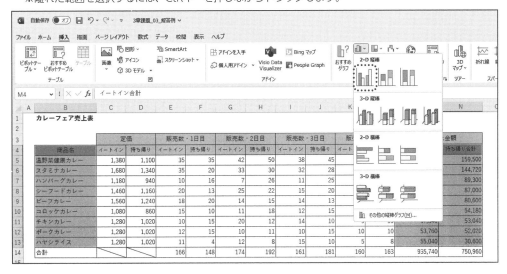

❻グラフを解答欄の枠内に移動し、サイズを調整します。グラフタイトルを「商品別
売上」に変更します。

※グラフタイトルの中の文字を書き換えます。

❼凡例の上でダブルクリックします。［凡例の書式設定］作業ウィンドウの［凡例の
オプション］で［凡例の位置］から「上」を選択します。

※凡例がグラフの上に移動します。

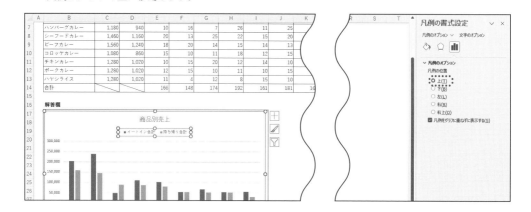

❽「持ち帰り合計」の任意の要素（グラフの棒）をクリックし、［グラフのデザイン］
－［グラフ要素を追加］－［データラベル］－［その他のデータラベルオプション］
をクリックします。

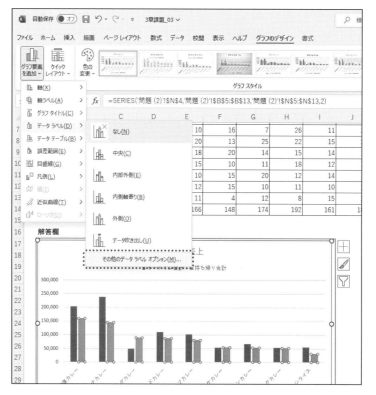

❾ ［データラベルの書式設定］作業ウィンドウの［ラベルオプション］で［値］チェックボックスがON、［ラベルの位置］が「外側上」になっていることを確認します。

※「持ち帰り合計」の系列の上に、金額のデータラベルが表示されます。

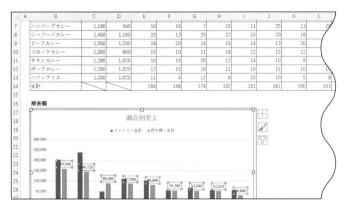

あなたは、コンビニチェーンを展開している企業で、売上管理を任されています。直営店の来客数と売上金額のデータを分析して、売上を予測します。

「04_実習用」フォルダー内のファイルを利用して、設問1〜2を解答しなさい。

解答は「04_実習用」フォルダー内の「3章課題_04.xlsx」の解答欄に入力し、上書き保存しなさい。

なお、解答欄への入力は、すべて直接入力で行い、数値は半角で入力するものとする。

また、グラフ化に必要な数値は各自で求めるものとし、指示にないグラフのデザインや文字の色などについては任意でよいものとする。

〈図1〉データ構成

・「直営店売上.xlsx」… 直営店の過去2年間の売上をまとめたリスト

年月	店舗名	来客数（人）	売上金額（万円）

〈図2〉近似直線を追加したグラフの例

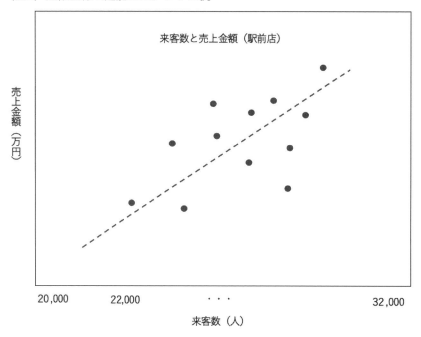

●設問1

直営店の中から、駅前店を対象に分析を行う。過去2年間の駅前店のデータを抜粋し、来客数と売上金額の間に相関関係があるかどうかを調べるグラフを、「3章課題_04.xlsx」の「売上動向」シートの赤枠内に作成しなさい。

なお、以下の条件を満たすように作成すること。

- 〈図2〉を参考に、来客数に対する売上金額を表すグラフを作成する。
- グラフの作成に必要なデータは、「直営店売上.xlsx」の「直営店売上（2022年1月〜2023年12月）」表を基に、「3章課題_04.xlsx」の「売上動向」シートの「駅前店売上推移」表のセルB4以降に貼り付けて使用する。
- グラフタイトルは「来客数と売上金額（駅前店）」とする。
  ※すべて全角で入力すること。
- 来客数から売上金額を予測するために、線形近似の近似曲線を追加し、数式をグラフに表示する。
- グラフの縦軸・横軸に、〈図2〉と同じ項目名を、同じ向きで表示する。
- 横軸の最大値、最小値、単位は〈図2〉と同じように設定する。

●設問2

設問1で作成したグラフから、来客数と売上金額の間には相関関係があるものと考えられる。グラフに追加した数式を使って、来客数が31,000人の場合の予想売上金額を求めなさい。ただし、結果は1万円未満を切り捨てて求めること。

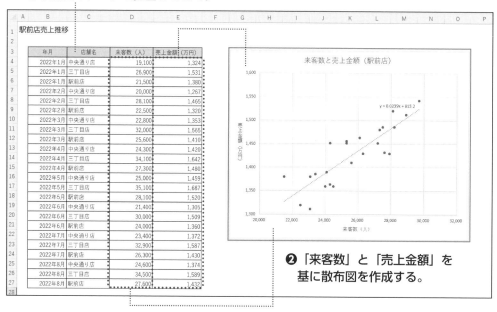

課題 04 解説 考え方と操作手順

●設問1 解答例 散布図を作成する

考え方

　この課題では、「駅前店」の売上データを分析します。設問1では、来客数と売上金額の間に相関関係があるかどうかを調べるために散布図を作成します。

　その準備として、散布図のデータ範囲となる「駅前店」の売上データを、「直営店売上（2022年1月～2023年12月）」表からフィルター機能で抽出し、抽出結果の表を「3章課題_04.xlsx」の「売上動向」シートにコピーしておきます。その表の「来客数」の数値を横軸に、「売上金額」の数値を縦軸に配置して、散布図を作成します。

❶駅前店のデータを抽出しておく。

年月	店舗名	来客数（人）	売上金額（万円）
2022年1月	中央通り店	19,100	1,324
2022年1月	三丁目店	26,900	1,531
2022年1月	駅前店	21,500	1,380
2022年2月	中央通り店	20,000	1,267
2022年2月	三丁目店	28,100	1,465
2022年2月	駅前店	22,500	1,320
2022年3月	中央通り店	22,800	1,353
2022年3月	三丁目店	32,000	1,565
2022年3月	駅前店	25,600	1,410
2022年4月	中央通り店	24,300	1,420
2022年4月	三丁目店	34,100	1,642
2022年4月	駅前店	27,300	1,480
2022年5月	中央通り店	25,000	1,459
2022年5月	三丁目店	35,100	1,687
2022年5月	駅前店	28,100	1,520
2022年6月	中央通り店	21,400	1,305
2022年6月	三丁目店	30,000	1,509
2022年6月	駅前店	24,000	1,360
2022年7月	中央通り店	23,400	1,372
2022年7月	三丁目店	32,900	1,587
2022年7月	駅前店	26,300	1,430
2022年8月	中央通り店	24,600	1,374
2022年8月	三丁目店	34,500	1,589
2022年8月	駅前店	27,600	1,432

❷「来客数」と「売上金額」を基に散布図を作成する。

　作成した散布図には、条件の指示にあるような加工を行います。タイトルや軸ラベルを追加し、点の分布を見やすくするために横軸の最小値、最大値、単位を変更しましょう。最後に、近似直線とその内容を表す数式をグラフに追加すれば、設問2で売上金額を予測するための準備が完了します。

操作手順

❶ フィルター機能を使って、店舗名が「駅前店」であるレコードを抽出します。「直営店売上（2022年1月～2023年12月）」表内のC列で「駅前店」と入力された任意のセルを右クリックし、ショートカットメニューから［フィルター］－［選択したセルの値でフィルター］をクリックします。

※店舗名が「駅前店」であるレコード（24件）が抽出されます。

	A	B	C	D	E	F	G
1		直営店売上（2022年1月～2023年12月）					
2							
3		年月	店舗名	来客数（人）	売上金額（万円）		
6		2022年1月	駅前店	21,500	1,380		
9		2022年2月	駅前店	22,500	1,320		
12		2022年3月	駅前店	25,600	1,410		
15		2022年4月	駅前店	27,300	1,480		
18		2022年5月	駅前店	28,100	1,520		
21		2022年6月	駅前店	24,000	1,360		
24		2022年7月	駅前店	26,300	1,430		
27		2022年8月	駅前店	27,600	1,432		

❷ 抽出された表をコピーします。セルB6:E75を選択し、「コピー」を実行し、「3章課題_04.xlsx」の「売上動向」シートのセルB4を先頭に「貼り付け」を行います。

※選択したセル範囲に含まれる非表示のレコードは、コピー範囲から自動で除外されます。

❸ 散布図を作成します。セルD3:E27を選択し、［挿入］－［散布図（X,Y）またはバブルチャートの挿入］－［散布図］をクリックします。

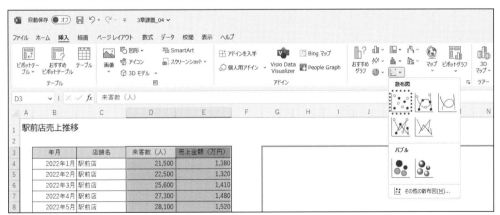

❹作成された散布図を赤枠内に移動し、サイズを調整します。グラフタイトルを「来客数と売上金額（駅前店）」に変更します。

❺横軸の上でダブルクリックします。

❻［軸の書式設定］作業ウィンドウの［軸のオプション］で［最小値］を「20000」と入力します。［最大値］が「32000」、［単位］の［主］が「2000」となっていることを確認します。

※［最小値］を入力すると、［最大値］と［単位］の値は連動して変わります。右に偏っていた点の分布が均等に広がります。

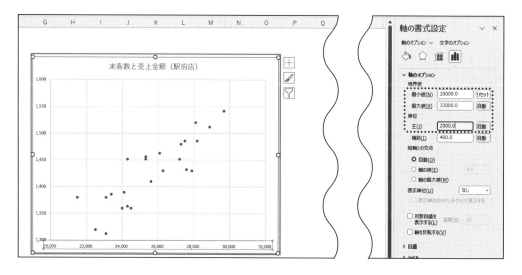

❼軸ラベルを設定します。［グラフのデザイン］－［グラフ要素を追加］－［軸ラベル］－［第1横軸］をクリックし、横軸の軸ラベルに「来客数（人）」と入力します。

❽［グラフのデザイン］－［グラフ要素を追加］－［軸ラベル］－［第1縦軸］をクリックし、縦軸の軸ラベルに「売上金額（万円)」と入力します。

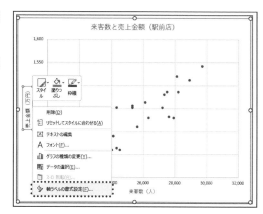

❾［軸ラベルの書式設定］作業ウィンドウの［タイトルのオプション］－［サイズとプロパティ］で［文字列の方向］に「縦書き」を選択します。

※縦軸の軸ラベルが縦書きに変わります。

❿近似直線を追加します。［グラフのデザイン］－［グラフ要素を追加］－［近似曲線］－［その他の近似曲線オプション］をクリックします。

⓫［近似曲線の書式設定］作業ウィンドウの［近似曲線のオプション］で「線形近似」が選択されていることを確認し、［グラフに数式を表示する］チェックボックスをONにします。

※散布図に近似直線と数式が表示されます。

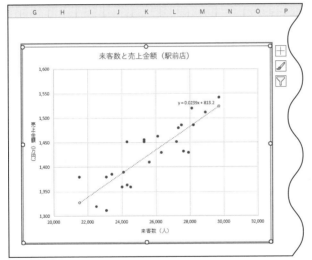

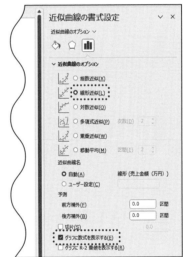

● 設問2　解答例 予想売上金額を数式から求める

考え方

　設問2では、散布図の点の分布状況から、2つの数値の間に相関関係があるものと判断し、設問1で散布図に追加した数式「$y=0.0239x+813.2$」を使って、来客数が31,000人の場合の予想売上金額を求めます。数式内のxは横軸の来客数を表し、yは縦軸の売上金額を表すため、xを「31000」としたときのyの値を計算で求めます。

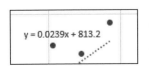

設問1で追加した数式を使って、来客数から売上金額を予測する。

操作手順

❶ 空いているセル（ここではG24）をクリックし、数式を「=0.0239*31000＋
813.2」と入力し、確定します。

※数式内のxの代わりに「31000」と入力します。
※セルには、計算結果が「1554.1」と表示されます。

❷ セルに表示された計算結果1554.1の単位は「万」のため、条件の指示どおり、1
万円未満である小数部分を切り捨てた「1,554万円」を解答とし、解答欄に転記し
ます。

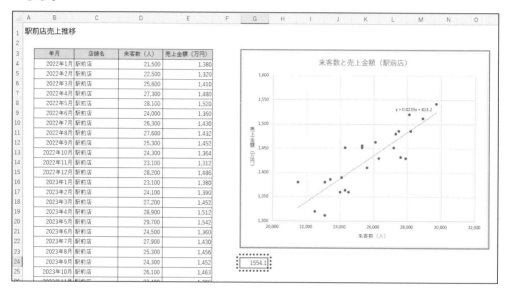

課題 05 レベル ★★★

あなたは、ペットフードメーカーの企画部に所属し、家庭におけるペット関連の年間支出調査に関する分析を行っています。

「05_実習用」フォルダー内のファイルを利用して、設問1〜2を解答しなさい。

解答は「05_実習用」フォルダー内の「3章課題_05.xlsx」の解答欄に入力し、上書き保存しなさい。

なお、解答欄への入力は、すべて直接入力で行い、数値は半角で入力するものとする。また、グラフ化に必要な数値は各自で求めるものとし、指示にないグラフのデザインや文字の色などについては任意でよいものとする。

〈図1〉データ構成

・「調査データ.xlsx」… ペット関連の年間支出調査をまとめたリスト

回答NO	性別	世帯人数（人）	世帯主年齢（歳）	年間支出（円）

〈図2〉作成するグラフの例

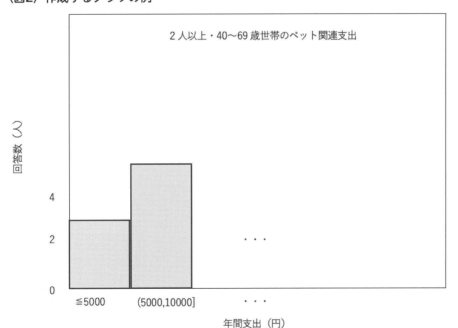

141

● 設問1

世帯人数が2人以上の中高年世帯におけるペット関連支出のばらつきを調べたい。「調査データ.xlsx」のデータから世帯主年齢が40歳から69歳までの2人以上の世帯のデータを抽出し、そのデータを使用したペット関連支出の分布を示すグラフを、「3章課題_05.xlsx」の「分析」シートの赤枠内に作成しなさい。

なお、以下の条件を満たすように作成すること。

- 〈図2〉を参考に、ペット関連支出の分布を表すヒストグラムを作成する。
- グラフの作成に必要なデータは、「調査データ.xlsx」の「ペット関連の年間支出調査」表からコピーし、「3章課題_05.xlsx」の「分析」シートの「ペット関連支出のばらつき」表に貼り付けて使用する。
- グラフタイトルは、「2人以上・40〜69歳世帯のペット関連支出」とする。
  ※数字は半角、それ以外はすべて全角で入力すること。
- ヒストグラムの1つ目の階級は5,000円以下のデータを表し、それ以外の階級の幅が5,000円となるように設定する。
- グラフの縦軸・横軸には、〈図2〉と同じ軸ラベルを表示する。

● 設問2

「設問1」で作成したヒストグラムから読みとれるデータの傾向として正しいものを、解答欄のプルダウンリストから選びなさい。

課題 **05**　**解 説**　考え方と操作手順

● **設問1**　解答例　ヒストグラムを作成する

考え方

　設問1では、世帯人数が2人以上の中高年世代を対象にしたペット関連支出のばらつきを表すヒストグラムを作成します。最初に、ヒストグラムに必要なデータを用意するために、フィルター機能を使って、「調査データ.xlsx」の「ペット関連の年間支出調査」表から、「『世帯人数』が2人以上である」「『世帯主年齢』が40歳以上69歳以下である」という2つの条件をともに満たすレコードを抽出します。

　抽出された結果の表は「3章課題_05.xlsx」の「分析」シートにコピーし、「年間支出」の数値を基にヒストグラムを作成します。

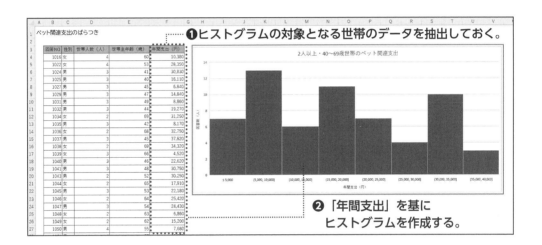

❶ヒストグラムの対象となる世帯のデータを抽出しておく。

❷「年間支出」を基に
ヒストグラムを作成する。

　作成したヒストグラムに、指示された設定を行います。「ビン」とよばれる1本の棒（階級）が表す数値の幅を設定し、グラフタイトルや軸ラベルを追加します。

　設問2では、設問1で作成したヒストグラムを基に、データの傾向を確認します。

操作手順

❶フィルター機能を使って、「世帯人数」が2人以上であり、かつ、「世帯主年齢」が40歳以上69歳以下であるレコードを抽出します。

　「ペット関連の年間支出調査」表内で［データ］－［フィルター］をクリックして、フィルター矢印を表示し、「世帯人数」の▼をクリックして、「1」チェックボックスをOFFにします。

　次に、「世帯主年齢」の▼をクリックして、［数値フィルター］－［指定の範囲内］をクリックし、［以上］の欄に「40」、［以下］の欄に「69」と入力して、［OK］ボタンをクリックします。

※61件のレコードが抽出されます。

❷抽出された表をコピーします。セルB19:F113を選択し、「コピー」を実行し、「3章課題_05.xlsx」の「分析」シートのセルB4を先頭に「貼り付け」を行います。
　　※選択したセル範囲に含まれる非表示のレコードは、コピー範囲から自動で除外されます。

❸ヒストグラムを作成します。セルF4:F64を選択し、[挿入] － [統計グラフの挿入] － [ヒストグラム] をクリックします。

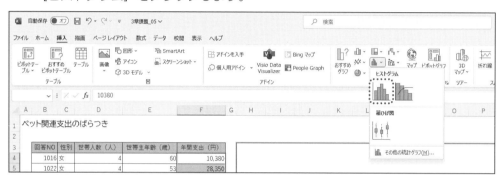

❹作成されたヒストグラムを赤枠内に移動し、サイズを調整します。グラフタイトルを「2人以上・40～69歳世帯のペット関連支出」に変更します。

❺横軸の上でダブルクリックします。

❻ [軸の書式設定] 作業ウィンドウの [軸のオプション] で [ビンの幅] を選択し、右の欄に「5000」と入力します。[ビンのアンダーフロー] チェックボックスをONにし、右の欄に「5000」と入力します。
　　※作業ウィンドウの幅を広げると、入力しやすくなります。
　　※1つ目の階級が5,000円以下のデータを表し、それ以外の階級の幅が5,000円に変わります。

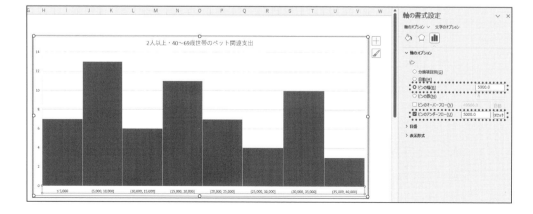

❼軸ラベルを設定します。[グラフのデザイン] − [グラフ要素を追加] − [軸ラベル] − [第1横軸] をクリックし、横軸の軸ラベルに「年間支出（円）」と入力します。

❽ [グラフのデザイン] − [グラフ要素を追加] − [軸ラベル] − [第1縦軸] をクリックし、縦軸の軸ラベルに「回答数（人）」と入力します。

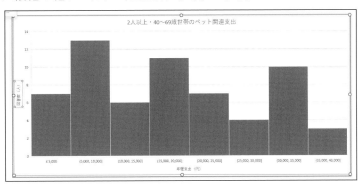

● 設問2　解答例 ヒストグラムの傾向を見る

考え方

　設問1で作成したヒストグラムから読み取れるデータの傾向について解答します。解答欄のプルダウンリストの内容を、ヒストグラムに照らし合わせて確認し、正しいものを選択しましょう。

　ヒストグラムは、集団としての数値データのばらつきを視覚化するために作成します。棒グラフのように棒の長さを個別に比較するのではなく、山や谷の全体的な形を見て、ばらつきの傾向を把握しましょう。

　設問1で作成したヒストグラムには、棒が突き出て山になっている頂点が3箇所あり、それぞれの頂点の高さには、あまり違いがありません。このようなヒストグラムは、集団を代表するような特徴的な数値は見られず、年間支出額は、ばらつきが大きいといえます。したがって、解答欄のプルダウンリストから、3番目の選択肢を選択します。

ヒストグラムに３つの頂点（山）がある。

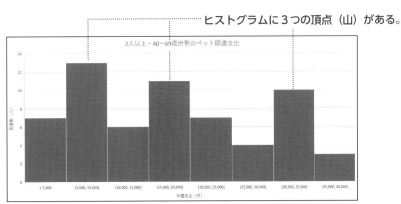

あなたは、食品メーカーで商品企画を担当しています。ABC分析を行って、主力商品であるカップスープ商品を3つのグループに分け、売れ行きの悪い商品の対応を検討することになりました。

「06_実習用」フォルダー内のファイルを利用して、設問1〜3を解答しなさい。

解答は「06_実習用」フォルダー内の「3章課題_06.xlsx」の解答欄に入力し、上書き保存しなさい。

なお、解答欄への入力は、すべて直接入力で行い、数値は半角で入力するものとする。

また、グラフ化に必要な数値は各自で求めるものとし、指示にないグラフのデザインや文字の色などについては任意でよいものとする。

さらに、下記【解答にあたっての前処理】を行ってから解答を始めること。

【解答にあたっての前処理】

「3章課題_06.xlsx」の「ABC分析」シートの「カップスープ商品売上一覧」表に、以下を参考に処理を行う。

「売上データ.xlsx」の「カップスープ商品売上データ（2023年）」表には、2023年に販売した主要なカップスープ商品の売上データが抜粋されている。このデータを基にABC分析を行い、売上構成比の大きい順に、商品をA、B、Cの3つのランクに分類して、分類評価に応じた対策を講じたい。

ABC分析は、以下の条件を満たすように行う。

・必要なデータは、「カップスープ商品売上データ（2023年）」表から求め、「ABC分析」シートの「カップスープ商品売上一覧」表に貼り付けて使用する。

・売上構成比の大きい順に商品を並べ替えてから、構成比の累計を求める。

・売上構成比の累計が50％以下の商品をAランク、50％より大きく85％以下の商品をBランク、85％より大きい商品をCランクに分類する。

＊各ランクの商品についての評価は、次のとおりとする。

　　Aランク：知名度が高く、特に対策を講じなくても順調に売れている商品

　　Bランク：ある程度の知名度はあり、キャンペーン次第で売れる可能性が高い商品

　　Cランク：全く売れていない商品。販売の縮小、撤退を考える。

〈図1〉 データ構成

・「売上データ.xlsx」
「商品売上」シート「カップスープ商品売上データ（2023年）」表
　　… 2023年の主要なカップスープ商品の売上データを抜粋した表

No.	年月	分類	商品名	売上金額 （万円）

・「3章課題_06.xlsx」
「ABC分析」シート「カップスープ商品売上一覧」表
　　… 2023年の主要なカップスープ商品の売上を商品別に集計し、分析する表

商品名	売上金額 （万円）	売上構成比	売上構成比の 累計	ABC分析

〈図2〉 作成するグラフの例

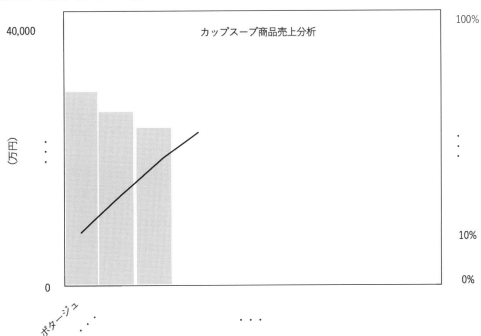

設問1

A、B、Cの各ランクに分類される商品の品目数を求めなさい。

設問2

「カップスープ商品売上一覧」表からABC分析の結果をグラフ化したパレート図を、「3章課題_06.xlsx」の「ABC分析」シートの赤枠内に作成しなさい。なお、以下の条件を満たすように作成すること。

- ・〈図2〉を参考に、パレート図を作成する。
- ・グラフの作成に必要なデータは、「カップスープ商品売上一覧」表から選択して使用する。
- ・グラフタイトルは「カップスープ商品売上分析」とする。
- ・パレート図の売上高の棒部分について、Bランクの商品を黄色系、Cランクの商品を赤系で色分けして示す。
- ・左右の縦軸の最大値、最小値、単位は、〈図2〉と同じように設定する。ただし、目盛間隔および文字の方向は問わないものとする。
- ・横軸には商品名を表示し、文字の方向は問わないものとする。

課題 06 解説 考え方と操作手順

● 前処理 解答例 ABC分析でランク分けを行う

考え方

設問1では、解答前の前処理を行った結果として求められる、ABC分析の各ランクに分類される商品の品目数を解答します。

最初に、「売上データ.xlsx」の「カップスープ商品売上データ（2023年)」表を基にピボットテーブルを作成し、2023年の売上金額を商品ごとに集計します。求めた合計金額は、「3章課題_06.xlsx」の「カップスープ商品売上一覧」表にコピーし、その数値を基に「売上構成比」（D列）と「売上構成比の累計」（E列）という、ABC分析に必要な数値を順に求めます。さらに、ABC分析では、売上比率の大きい項目から順に並べてランク分けを行うため、売上構成比の降順に表を並べ替えておきましょう。

最後に、「ABC分析」のセル（F列）にIF関数の式を入力し、「売上構成比の累計」を基に、各商品をA、B、Cの3段階にランク分けし、各ランクの数を求めます。

❶「売上金額」をピボットテーブルで集計し、貼り付けする。　　❷「売上構成比」「売上構成比の累計」を数式で求める。

❹IF関数でA、B、Cのランクを求める。

商品名	売上金額（万円）	売上構成比	売上構成比の累計	ABC分析
FDたまごスープ	30,782	13.6%		
FD中華スープ	26,782	11.8%		
スープでしっかり朝ごはん	24,901	11.0%		
ポタージュ	35,977	15.8%		
ポタージュ4種のチーズ	14,874	6.6%		
ポタージュほうれん草	11,414	5.0%		
減塩コーンスープ	21,379	9.4%		
減塩たまごスープ	16,402	7.2%		
濃厚野菜SPもぎたてトマト	10,033	4.4%		
濃厚野菜SP栗かぼちゃ	16,659	7.3%		
濃厚野菜SP北海道コーン	17,845	7.9%		
合計	227,048	100.0%		

❸「売上構成比」の降順に表を並べ替える。

操作手順

❶ 「売上データ.xlsx」の「カップスープ商品売上データ（2023年）」表内の任意の
セルをクリックし、［挿入］－［ピボットテーブル］をクリックします。［テーブル
または範囲からのピボットテーブル］ダイアログボックスで、配置先に「新規ワー
クシート」を選択し、［OK］ボタンをクリックします。

❷ ［ピボットテーブルのフィール
ド］作業ウィンドウで、図のよう
にフィールドを設定します。

・［行］：商品名

・［値］：売上金額（集計方法は「合
計」）

※各商品の売上金額の合計が求められま
す。ピボットテーブルは、「商品名」の
昇順で表示され、「3章課題_06.xlsx」の
「カップスープ商品売上一覧」表と同じ
並び順になります。

❸ ピボットテーブルの集計結果をコピーし、「3章
課題_06.xlsx」の「カップスープ商品売上一覧」
表に値貼り付けを行います。

※集計値部分（ここではセルB4:B15）を選択して、「コピー」
を実行し、「カップスープ商品売上一覧」表のセルC4をクリ
ックして、［ホーム］－［貼り付け▼］－［値］をクリック
します。

❹ 売上構成比を求めます。セルD4に「=C4/$C$15」と入力し、セルD15までコピー
します。

※セルD4:D15には、パーセントスタイルの表示形式を設定します。ここでは、一例として、小数第1位
までの桁を表示していますが、表示する桁は任意です。

❺ セルB3:D14を選択し、［データ］－［並べ替え］をクリックします。［並べ替え］
ダイアログボックスで［列］に「売上構成比」を選択し、［順序］に「大きい順」
を選択して、［OK］ボタンをクリックします。

※合計欄を含めずに並べ替えを行うため、表の範囲を選択しておきます。
※「売上構成比」（D列）の降順で表全体が並べ替えられます。

❻売上構成比の累計を求めます。セルE4に「=D4」と入力し、セルE5に「=E4+D5」
と入力し、セルE5をセルE14までコピーします。

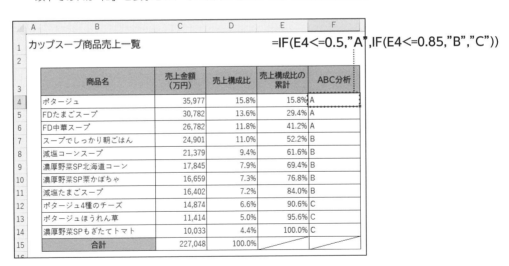

❼IF関数でABC分析の評価を求めます。セルF4に「=IF（E4<=0.5,"A",IF（E4<=
0.85,"B","C"））」と入力し、F14までコピーします。

※セルF4:F14に、売上構成比の累計が50%以下であれば評価が「A」と表示され、50%より大きく85%
　以下であれば「B」と表示され、それ以外の場合は「C」と表示されます。

	商品名	売上金額 （万円）	売上構成比	売上構成比の 累計	ABC分析
4	ポタージュ	35,977	15.8%	15.8%	A
5	FDたまごスープ	30,782	13.6%	29.4%	A
6	FD中華スープ	26,782	11.8%	41.2%	A
7	スープでしっかり朝ごはん	24,901	11.0%	52.2%	B
8	減塩コーンスープ	21,379	9.4%	61.6%	B
9	濃厚野菜SP北海道コーン	17,845	7.9%	69.4%	B
10	濃厚野菜SP栗かぼちゃ	16,659	7.3%	76.8%	B
11	減塩たまごスープ	16,402	7.2%	84.0%	B
12	ポタージュ4種のチーズ	14,874	6.6%	90.6%	C
13	ポタージュほうれん草	11,414	5.0%	95.6%	C
14	濃厚野菜SPもぎたてトマト	10,033	4.4%	100.0%	C
15	合計	227,048	100.0%		

カップスープ商品売上一覧

=IF(E4<=0.5,"A",IF(E4<=0.85,"B","C"))

● 設問1　解答例　各ランクの品目数を目視やオートカルクで数える

💡 考え方

　前処理の結果、セルF4:F14には、各商品が分類されたランクが「A」「B」「C」で
表示されます。その数を個別に数えれば、各ランクの品目数を解答できます。なお、
セルの数が少ない場合は目視でも数えられますが、オートカルクを利用する方法もあ
ります。

❶セルF4:F14の中で「A」と表示されたセル範囲を選択し、ステータスバーに表示された「データの個数」を解答欄に転記します。同様に、「B」「C」の「データの個数」を確認して、解答欄に転記します。

● 設問2　解答例 パレート図を作成する

考え方

　設問2では、設問1で完成させた「カップスープ商品売上一覧」表を基に、パレート図を作成します。パレート図は、各商品の売上金額を表す縦棒と、売上構成比の累計を表す折れ線を組み合わせたグラフです。商品名と売上金額のセルを選択し、グラフの種類で「パレート図」を選択すれば、売上構成比の累計までが自動でグラフに表示され、効率よく作成できます。

　パレート図の棒グラフは、初期設定ではすべて同じ青色で表示されます。ABC分析の結果を基に、Bランクの商品は黄色、Cランクの商品は赤色になるよう、塗りつぶしの色を変更すれば、ランク別の商品ラインナップが把握しやすくなります。

　最後に、グラフの細部を条件の指示に合わせて設定します。グラフタイトル、左右の縦軸の最大値、最小値、単位、横軸の商品名を、＜図2＞と見比べて、異なる部分や設定が必要な箇所を編集しましょう。

❶商品名と売上金額のセルからパレート図を作成する。

❷A、B、Cのランク別に棒の色を塗り分ける。

❸グラフタイトルや縦軸などを設定する。

操作手順

❶ パレート図を作成します。商品名と売上金額が入力されたセルB3:C14を選択し、[挿入] − [統計グラフの挿入] − [パレート図] をクリックします。

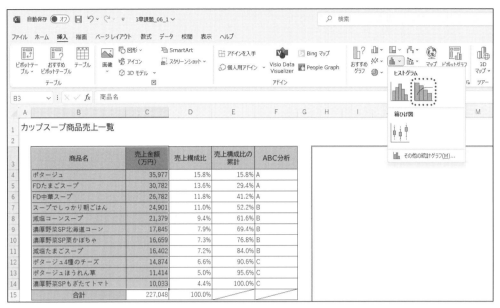

❷ 作成されたパレート図を赤枠内に移動し、サイズを調整します。グラフタイトルを「カップスープ商品売上分析」に変更します。

❸ 棒グラフの棒を色分けします。F列のABC分析の結果、Bランクと判定された最初の商品「スープでしっかり朝ごはん」の棒の上で2回クリックします。要素を個別に選択し、[書式] − [図形の塗りつぶし] − [黄色] をクリックします。

※条件の指示には、「黄色系」とあるため、選択する色は、黄色系統の任意の色とします。「赤系」も同様です。

❹ Bランクの次の要素「減塩コーンスープ」の棒をクリックして黄色系に変更し、同様の手順を「減塩たまごスープ」まで繰り返します。その後、「ポタージュ4種のチーズ」から「濃厚野菜SPもぎたてトマト」までの棒の色を赤系に変更します。

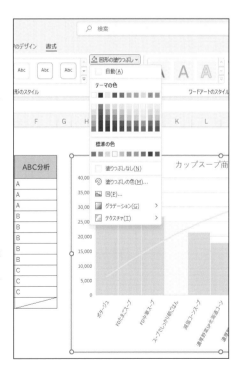

❺左の縦軸に単位の軸ラベルを設定します。[グラフのデザイン] － [グラフ要素を追加] － [軸ラベル] － [第1縦軸] をクリックし、縦軸の軸ラベルに「(万円)」と入力します。

※本書と異なる手順でパレート図を作成した場合には、左右の縦軸の最大値、最小値、横軸の商品名を<図2>と見比べて、さらに異なる部分があれば、編集しておきます。

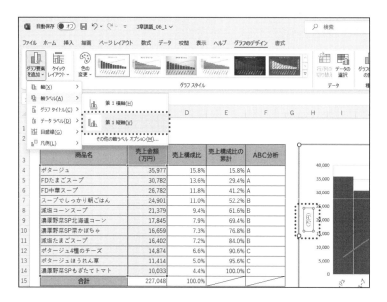

第 **4** 章

印刷問題

4-1 印刷のためのレイアウトの整理方法

ここでは、印刷の設定を行う前に、帳票のレイアウトについての確認事項を解説します。なお、本検定では、売上一覧表や工程管理表など、ビジネスにおける資料としてExcelファイルを印刷したものをすべて「帳票」と呼びます。

1 必要な集計を済ませておく　レベル ★

帳票を印刷する目的は、資料として配布することにあります。印刷前に、配布資料に必要な数字がすべて求められているかどうかを確認しましょう。必要な情報が不足している場合は、数式や関数を利用して表に追加しておきます。

2 データを並べ替えておく　レベル ★★

帳票のデータは、「見せたい順に」「わかりやすく」並んでいることが重要です。データの並び順を確認して、必要なら並べ替えを行いましょう。たとえば、売上一覧表では、「同じ分類ごとに商品群をまとめて表示する」「売上額の大きいデータから順に見られるように表示する」といった工夫をします。

3 印刷したくない部分を除外する　レベル ★★

初期設定のまま印刷すると、シートに表示された内容がすべて印刷されます。印刷対象から外したい行や列がある場合は、それらの行・列をあらかじめ非表示にしておきます。

また、シートの一部分だけを印刷したい場合は、そのセル範囲を「印刷範囲」に設定しておけば、常にその部分だけが印刷されるようになります（第4章第2節3項参照）。

これらの点を確認して、帳票のレイアウトを適切に整えてから、印刷の準備である「ページ設定」に取り掛かりましょう。

4-2 印刷のためのヒント

ここでは、思い通りに表を印刷するために知っておきたい機能を解説します。

1 ページ設定の基本手順 レベル ★

　ページ設定とは、帳票類を印刷するために行う設定のことです。ページ設定には、[ページレイアウト] タブで設定する方法と、[ページ設定] ダイアログボックスで指定する方法の2種類の操作があります。ほとんどの機能は共通ですが、中にはどちらか片方でしか設定できない機能もあります。

（1）[ページレイアウト] タブでの設定

　[ページレイアウト] タブには、**図表4-2-1**のようなボタンが表示されます。主要なページ設定の機能は、ここからボタンを選ぶとすばやく指定できます。

図表4-2-1 [ページレイアウト] タブのボタン

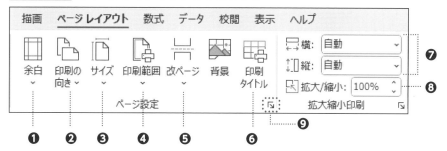

機能	[ページ設定] ダイアログボックスの設定
❶余白を変更する	[余白] タブ－[余白]
❷用紙の向きを変更する	[ページ] タブ－[用紙の向き]
❸用紙サイズを変更する	[ページ] タブ－[用紙サイズ]
❹印刷範囲を設定する	[シート] タブ－[印刷範囲]
❺改ページを挿入する	
❻印刷タイトルを設定する	[シート] タブ－[印刷タイトル]
❼用紙に収まるように縮小印刷する	[ページ] タブ－[拡大縮小印刷]
❽倍率を指定して、拡大・縮小印刷する	[ページ] タブ－[拡大縮小印刷]
❾[ページ設定] ダイアログボックスを開く	

(2) ［ページ設定］ダイアログボックスでの指定

　［ページ設定］ダイアログボックスでは、複数の設定を一度に行うことができます。［ページ設定］ダイアログボックスを表示するには、［ページレイアウト］－［ページ設定］グループの ⬛ （ダイアログボックス起動ツール）をクリックします。

　［ページ設定］ダイアログボックスには、「ページ」「余白」「ヘッダー/フッター」「シート」の4枚のタブがあり、それぞれのタブで、**図表4-2-2**のような設定ができます。

図表4-2-2 ［ページ設定］ダイアログボックスのタブと主な機能

タブ名	設定できる機能
ページ	印刷の向き、拡大縮小印刷、用紙サイズ
余白	余白（数値指定が可能）、ページ中央に印刷
ヘッダー/フッター	ヘッダーやフッターの追加
シート	印刷範囲、印刷タイトル、セルの枠線、シートの行列番号、コメントなどの印刷

(3) ビューの切り替え方法

　ページ設定は、「標準」「ページレイアウト」「改ページプレビュー」の3種類のビュー（画面表示モード）で行うことができます。本書では、通常の編集画面である標準ビューの状態で解説しています。ビューを切り替えるには、ステータスバー右下にある**図表4-2-3**のボタンをクリックします。

図表4-2-3 ビューの切り替えボタン

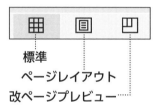

標準
ページレイアウト
改ページプレビュー

(4) ページ設定の確認

　ページ設定を行った後は、印刷を実行する前に、次のいずれかの方法で「印刷プレビュー」を表示してレイアウトを確認します。これにより、無駄な印刷を防げます。

・［ページ設定］ダイアログボックスの［印刷プレビュー］ボタンをクリックします。

・［ファイル］－［印刷］をクリックします。

・Ctrl＋F2キーを押します。

図表4-2-4 印刷プレビュー

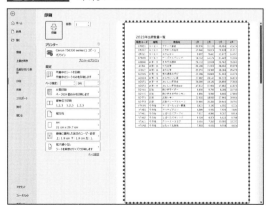

2 改ページの追加 レベル ★★

複数ページの帳票では、切りのよいところで改ページされていると、見やすい資料になります。任意の位置でページを区切るには、「改ページ」を設定します。

> **手順**
>
> ● 「改ページ.xlsx」を使って操作を確認できます。
> ※ここでは、22行目の手前に改ページを追加します。
>
> ❶改ページを入れたい位置のセル（ここでは行番号「22」）を選択します。
> ※行方向に改ページする場合は、挿入位置の下にある行を選択します。列方向に改ページする場合は、挿入位置の右にある列を選択します。
>
> ❷［ページレイアウト］－［改ページ］－［改ページの挿入］をクリックします。
> ※21行目と22行目の境界に改ページが追加され、シート上には改ページの位置が実線で表示されます。なお、Excelで自動的に改ページされる位置には破線が表示され、両者をシート上で区別できます。
> ※一度に複数の箇所に改ページを挿入することはできません。

✎memo

改ページプレビューでは、改ページ位置を示す線をドラッグすると、既存の改ページの位置を自由に変更できます。ただし、印刷倍率も同時に調整されるため、拡大縮小印刷が自動的に設定されてしまうことがあります。本検定では、ドラッグ操作による改ページの設定や調整は避けましょう。改ページを追加するには、［改ページの挿入］を使用してください。

✎memo

不要な改ページを削除するには、改ページ位置のセルを選択し、［ページレイアウト］－［改ページ］－［改ページの解除］をクリックします。［ページレイアウト］－［改ページ］－［すべての改ページを解除］をクリックすると、シート上の改ページを一括で削除できます。

3 ▶ 印刷範囲の設定

Excelでは、特に指定しなければシートの内容がすべて印刷されます。シートの特定のセル範囲だけを印刷するには、「印刷範囲」として設定しておきます。

手順

● 「印刷範囲.xlsx」を使って操作を確認できます。

❶印刷したいセル範囲（ここではセルA1：F147）を範囲選択します。

❷［ページレイアウト］－［印刷範囲］－［印刷範囲の設定］をクリックします。

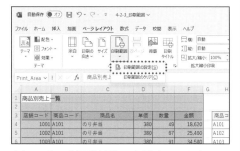

※［ページ設定］ダイアログボックスにある［シート］タブの［印刷範囲］でも設定できます。
※印刷範囲が設定され、セルH3：J9の表は印刷されなくなります。なお、設定した印刷範囲は、シート上に実線で表示されます。

✎memo

印刷範囲の設定を解除するには、シート内の任意のセルをクリックし、［ページレイアウト］－［印刷範囲］－［印刷範囲のクリア］をクリックします。

4 ▶ 拡大縮小印刷の設定

帳票を用紙に収まる倍率に自動的に縮小して印刷するには、「拡大縮小印刷」を設定します。列や行が次のページにはみ出してしまうのを防ぎたいときに便利です。

手順

● 「拡大縮小印刷.xlsx」を使って操作を確認できます。
※ここでは、すべての列を1ページに収めて印刷します。

❶［ページレイアウト］－［拡大縮小印刷］－［横］の∨から「1ページ」を選択します。

※「縦」「横」のうち、1ページに収めたいほうだけに「1ページ」と指定するため、［縦］は「自動」のままにします。

※［ページ設定］ダイアログボックスにある［ページ］タブの［拡大縮小印刷］では、［次のページ数に合わせて印刷］を選択し、［横］に「1」と指定し、［縦］を空欄にします。

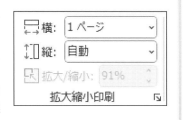

印刷結果

商品別売上一覧

店舗コード	店舗名	商品コード	商品名	単価	数量	金額
1001	本急渋谷食品館店	A101	のり弁当	380	49	18,620
1002	高駒屋横浜地下街店	A101	のり弁当	380	67	25,460
1003	三勢丹池袋店	A101	のり弁当	380	91	34,580
1004	東鉄銀座グルメ街店	A101	のり弁当	380	97	36,860

✎memo

　拡大縮小印刷の設定を解除するには、[ページレイアウト]−[拡大縮小印刷]
の[横]と[縦]の両方に「自動」を選択し、[拡大/縮小]を「100%」に指定し
ます。

5　印刷タイトルの設定 　　　　レベル ★★

　表が複数ページに渡って印刷されたときに、2ページ目以降にも見出しとなる行や
列の内容を繰り返し印刷するには、「印刷タイトル」を設定します。印刷タイトルに
は、行見出しを設定する「タイトル行」、列見出しを設定する「タイトル列」の2種
類があります。

手順

● 「印刷タイトル.xlsx」を使って操作を確認で
きます。

※ここでは、1行目から3行目を印刷タイトルに
設定します。

❶ [ページレイアウト]−[印刷タイト
ル]をクリックします。

※[ページ設定]ダイアログボックスの[シー
ト]タブが開きます。

❷ [タイトル行]ボックス内をクリックし、行番号「1」〜「3」をドラッグし
ます。

※[タイトル行]に「$1:$3」と表示されます。

・1ページ目

商品別売上一覧

店舗コード	店舗名	商品コード	商品名	単価	数量	金額
1001	本急渋谷食品館店	A101	のり弁当	380	49	18,620
1002	高駒屋横浜地下街店	A101	のり弁当	380	67	25,460
1003	三勢丹池袋店	A101	のり弁当	380	91	34,580
1004	東鉄銀座グルメ街店	A101	のり弁当	380	97	36,860
1005	西急青葉台店	A101	のり弁当	380	98	37,240

・2ページ目

商品別売上一覧

店舗コード	店舗名	商品コード	商品名	単価	数量	金額
1005	西急青葉台店	A103	特選のり弁当	430	36	15,480
1006	三勢丹グルメ館店	A103	特選のり弁当	430	56	24,080
1007	高駒屋日本橋店	A103	特選のり弁当	430	47	20,210
1008	本急新宿駅前店	A103	特選のり弁当	430	65	27,950
1009	るるぽーと豊洲店	A103	特選のり弁当	430	56	24,080

✎**memo**

　列番号に対して改ページを行う横長の表で印刷タイトルを設定するには、［タイトル列］にセルの列番号を指定します。［タイトル行］と［タイトル列］を両方指定することもできます。

6 ヘッダー・フッターの設定　　レベル ★★

　帳票に印刷するヘッダーやフッターの内容は、［ページ設定］ダイアログボックスの［ヘッダー/フッター］タブで指定します。左・中央・右の3つの領域に、印刷したい文字を入力するほか、日付やページ番号などの印刷要素をボタンで指定できます。

手順

● 「ヘッダーフッター.xlsx」を使って内容を確認できます。
※ 「ヘッダーフッター.xlsx」の完成例では、ヘッダー右に「社外秘」が印刷され、フッター中央にページ番号が印刷されるように設定しています。

❶ ［ページレイアウト］－［ページ設定］グループのをクリックし、［ページ設定］ダイアログボックスの［ヘッダー/フッター］タブを開きます。

❷ ［ヘッダーの編集］/［フッターの編集］ボタンをクリックします。表示され

る［ヘッダー］／［フッター］ダイアログボックスで、［左側］［中央部］［右側］の枠内をクリックし、文字列を入力、または、**図表4-2-5**のボタンを選択して内容を指定します。

図表4-2-5 ［ヘッダー］［フッター］ダイアログボックスのボタンの機能

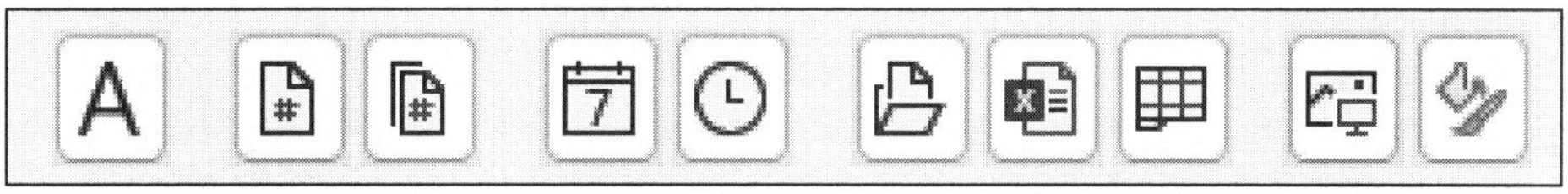

❶文字書式の設定	❹日付の挿入	❼ファイル名の挿入
❷ページ番号の挿入	❺時刻の挿入	❽シート名の挿入
❸ページ数の挿入	❻ファイルパスの挿入	❾図の挿入

✎memo

　［ページ設定］ダイアログボックスの［ヘッダー/フッター］タブで、［奇数/偶数ページ別指定］チェックボックスや［先頭ページのみ別指定］チェックボックスをONにし、［ヘッダー］／［フッター］ダイアログボックスを開くと、「奇数ページ」と「偶数ページ」や「先頭ページとそれ以外のページ」でタブが分かれるため、異なるヘッダーとフッターを指定できます。

✎memo

　設定したヘッダー・フッターを削除するには、［ページ設定］ダイアログボックスの［ヘッダー/フッター］タブで、［ヘッダー］／［フッター］の▼から「（指定しない）」を選択します。

4-3 印刷問題課題

課題 01

レベル ★★

あなたは、ある飲料メーカーの商品管理部に所属し、在庫管理を担当しています。

上司から「明日の会議資料用に、今年の商品出荷数一覧表を帳票として出力して欲しい」とメモを渡されました。

メモを基に、「4章課題_01.xlsx」の「2023年出荷数一覧」表のデータに対して適切な印刷設定を行い、上書き保存しなさい。

上司のメモ

- ・「上期合計」、「下期合計」、「年間合計」を計算する。
- ・タイトルの「2023年出荷数一覧」(セルA1)から表のデータの末尾(セルR23)までを印刷範囲として設定する。
- ・用紙のサイズはA4、縦向きに印刷し、必要な列が横1ページに収まるようにする。
- ・各月データの列は印刷しない。
- ・帳票がページの中央に印刷されるように設定する。
- ・ヘッダーの左に「会議資料1」(数字は全角)の文字列を表示する。
- ・用紙の左の余白を「2.5」で印刷する。

課題 01 解 説 考え方と操作手順

解答例 印刷に必要な設定を行う①

考え方

　この課題では、「2023年出荷数一覧」表の印刷設定を行います。メモの指示内容を整理して、空欄になっている合計欄に合計を求め、各月の出荷数データの列を非表示にします。次に、[ページ設定]ダイアログボックスを開き、それ以外の印刷設定を行います。

操作手順

❶ D3:J23とK3:Q23を選択し、[ΣオートSUM]をクリックして「上期合計」(セル J3:J23)と「下期合計」(セルQ3:Q23)を求めます。「年間合計」(セルR3)に「=SUM(J3,Q3)」を入力して、23行目までコピーしておきます。

※離れた2か所の列を同時に選択するには、Ctrlキーを押しながらドラッグします。

	A		J	K	L	M	N	O	P	Q	R
1	2023年出荷										単位：本
2	販売コード		6月	上期合計	7月	8月	9月	10月	11月	12月	下期合計	年間合計
3	CFBC1	コー	29,504	213,888	19,328	17,696	19,136	23,648	27,224	39,224	146,256	360,144
4	CFCC2	コー	6,904	113,528	20,448	20,112	12,288	12,240	13,344	18,384	96,816	210,344
5	CFCL1	コー	0,424	77,964	36,524	38,552	9,332	8,792	8,792	11,624	113,616	191,580
6	CFWB1		15,908	126,990	19,274	18,968	18,050	22,130	18,662	15,500	112,584	239,574

❷ D列～I列とK列～P列を選択し、選択範囲の任意の列番号で右クリックし、ショートカットメニューから[非表示]をクリックします。

（表・ショートカットメニューの図）

❸ [ページレイアウト]タブにある[ページ設定]グループ右の▣をクリックします。[ページ設定]ダイアログボックスの[シート]タブで、印刷範囲を設定します。

1) [印刷範囲]ボックスをクリックします。
2) セルA1:R23を選択します。

※ [印刷範囲]ボックスにセル範囲が指定されます。

❹ [ページ設定] ダイアログボックスの [ページ] タブで、次のように設定します。

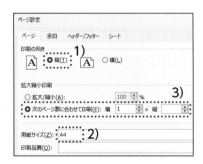

1) [印刷の向き] に「縦」を選択します。
2) [用紙サイズ] に「A4」を選択します。
3) [拡大縮小印刷] で「次のページ数に合わせて印刷」を選択し、[横] に「1」と入力し、[縦] は空欄にします。

❺ [余白] タブで、次のように設定します。

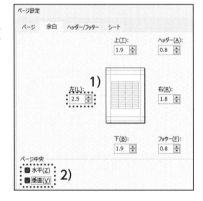

1) [左] に「2.5」と入力します（他の余白の値は変更しません）。
2) [ページ中央] の [水平] チェックボックスと、[垂直] チェックボックスを、ONにします。

❻ [ヘッダー/フッター] タブで、[ヘッダーの編集] ボタンをクリックします。

❼ [ヘッダー] ダイアログボックスの左の欄に「会議資料1」と入力し（数字は全角で入力）、[OK] ボタンをクリックします。

❽ ［ページ設定］ダイアログボックスで［印刷プレビュー］ボタンをクリックし、設定した内容を確認します。

〈完成図〉

会議資料1

2023年出荷数一覧

単位：本

販売コード	種別	商品名	上期合計	下期合計	年間合計
CFBC1	コーヒー	ブラック微糖	213,888	146,256	360,144
CFCC2	コーヒー	こだわりの珈琲	113,528	96,816	210,344
CFCL1	コーヒー	カフェオレ	77,964	113,616	191,580
CFWB1	コーヒー	ワンダフルブレンド	126,990	112,584	239,574
ACBA5	お茶・水	さわやか緑茶	151,512	142,848	294,360
ACRJ1	お茶・水	十六麦茶	179,988	140,172	320,160
ACHJ2	お茶・水	ほうじ茶	162,084	140,664	302,748
ACKM1	お茶・水	京の緑茶みやび	129,732	103,428	233,160
ACKD4	お茶・水	からだにいい茶	175,368	111,396	286,764
ACOT1	お茶・水	おいしい天然水	138,600	107,370	245,970
ACOT2	お茶・水	おいしい天然水eco	248,964	214,764	463,728
SDYA1	炭酸	四ッ矢サイダー	56,650	91,320	147,970
SDYY2	炭酸	四ッ矢さわやかレモン	61,650	61,140	122,790
SDTT1	炭酸	炭酸レモン	150,216	102,378	252,594
SDTT2	炭酸	炭酸グレープフルーツ	160,656	120,108	280,764
VTAM1	その他	マンゴーたっぷり果実	35,796	73,956	109,752
VTAB1	その他	マルチビタミン	82,230	126,192	208,422
VTAA1	その他	しぼりたてアップル	77,292	116,604	193,896
VTAA2	その他	しぼりたてオレンジ	48,330	59,512	107,842
VTAL1	その他	クリーミーココア	69,268	76,396	145,664
VTAN2	その他	はたらく乳酸菌	64,786	78,654	143,440

あなたは、ある化粧品メーカーの営業部に所属し、売上の管理を担当しています。
上司から「第1四半期の売上を確認したい。『商品別売上一覧表（第1四半期)』を帳
票として出力して欲しい」とメモを渡されました。
メモを基に、「4章課題_02.xlsx」の「商品別売上一覧表（第1四半期)」のデータに
対して適切な印刷設定を行い、上書き保存しなさい。

上司のメモ

- ・用紙のサイズはA4、縦向きに印刷する。
- ・タイトルの「商品別売上一覧表（第1四半期)」（セルB1）から表のデータの末
  尾（セルG118）までを印刷範囲として設定する。
- ・すべての列が1ページに収まるようにする。
- ・タイトルの「商品別売上一覧表（第1四半期)」と表の項目名を、すべてのペ
  ージに表示する。
- ・分類を五十音順に並べ、さらに売上金額の降順に並ぶように表示して、分類ご
  とにページを分ける。
- ・フッターの中央にページの番号と総ページ数を半角スラッシュ（/）で区切っ
  た形で表示する。

課題 02　解 説　考え方と操作手順

解答例 印刷に必要な設定を行う②

考え方

　この課題では、「商品別売上一覧表（第1四半期）」の印刷設定を行います。上司の
メモの指示のうち、データの並べ替えを最初に行い、分類ごとに改ページされるよう
に設定しておきます。その後、印刷範囲、印刷タイトル、フッターなどのページ設定
を行います。

操作手順

❶データを並べ替えます。「商品別売上一覧表（第1四半期）」内の任意のセルをクリ
　ックし、さらに、［データ］－［並べ替え］をクリックして［並べ替え］ダイアロ
　グボックス］を開きます。

　1）［最優先されるキー］の［列］に「分類」を選択し、［順序］に「昇順」を選択
　　します。

　2）［レベルの追加］ボタンをクリックします。

　3）［次に優先されるキー］の［列］に「売上金額」を選択し、［順序］に「大きい
　　順」を選択し、［OK］ボタンをクリックします。

※「分類」（C列）の昇順で表全体が並べ替えられます。同じ分類の中では、「売上金額」（G列）の降順に
　データが表示されます。

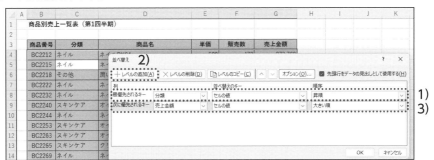

❷分類が切り替わる行の上に改ページを
　挿入します。

　1）40行目を選択します。

　2）さらに、［ページレイアウト］－
　　［改ページ］－［改ページの挿入］
　　をクリックします。

※39行目と40行目の境界で改ページされます。

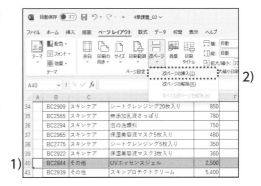

❸69行目を選択し、F4キー（またはCtrl＋Y）を押します。91行目を選択し、F4キー（またはCtrl＋Y）を押します。

※F4キー（またはCtrl＋Y）を押すと、直前の操作が繰り返され、改ページが挿入されます

❹［ページレイアウト］タブにある［ページ設定］グループ右の⤵をクリックします。

❺［シート］タブで、印刷範囲を設定します。

1)［印刷範囲］ボックスをクリックします。

2) セルB1:G118を選択します。

※［印刷範囲］ボックスにセル範囲が指定されます。

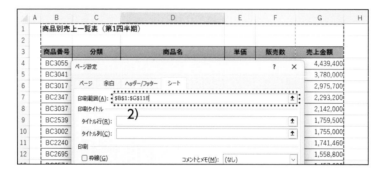

❻印刷タイトルを設定します。

1)［タイトル行］ボックスをクリックします。

2) 1行目から3行目を選択します。

※［タイトル行］ボックスに「$1:$3」と指定されます。

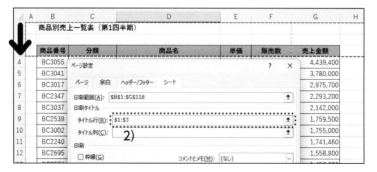

❼ ［ページ設定］ダイアログボックスの［ペ
　ージ］タブで、次のように設定します。
　1）［印刷の向き］に「縦」を選択します。
　2）［用紙サイズ］に「A4」を選択します。
　3）［拡大縮小印刷］で「次のページ数に
　　　合わせて印刷」を選択し、［横］に「1」
　　　と入力し、［縦］は空欄にします。

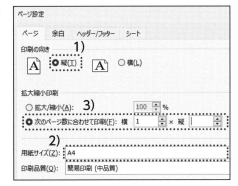

❽ ［ヘッダー/フッター］タブで、［フッター
　の編集］ボタンをクリックします。

❾ ［フッター］ダイアログボックスの中央の
　欄をクリックし、さらに、［ページ番号の
　挿入］をクリックします。半角の「/」を
　入力し、［ページ数の挿入］をクリックし
　ます。

　※「&［ページ番号］/&［総ページ数］」と表示され
　　ます。［OK］ボタンをクリックし、［フッター］ダ
　　イアログボックスを閉じます。

❿ ［ページ設定］ダイアログボックスで［印刷プレビュー］ボタンをクリックし、設
　定した内容を確認します。

〈完成図〉

・1ページ目

商品別売上一覧表（第1四半期）

商品番号	分類	商品名	単価	販売数	売上金額
BC3055	スキンケア	エイジングケアクリーム	4,200	1,057	4,439,400
BC3041	スキンケア	エイジングケア乳液	2,800	1,350	3,780,000
BC3017	スキンケア	目元専用クリーム高純度	2,100	1,417	2,975,700
BC2347	スキンケア	潤いたっぷり化粧水	980	2,340	2,293,200
BC3037	スキンケア	エイジングケア化粧水	2,800	765	2,142,000
BC2539	スキンケア	無添加化粧水とてもしっとり	850	2,070	1,759,500
BC3002	スキンケア	目元専用クリーム	1,500	1,170	1,755,000
BC2240	スキンケア	オイルクレンジングマイルド	980	1,777	1,741,460
BC2695	スキンケア	薬用乳液しっとり	900	1,732	1,558,800
BC2574	スキンケア	無添加乳液しっとり	800	1,852	1,481,600
BC2314	スキンケア	泡の洗顔料微香料	750	1,890	1,417,500
BC2993	スキンケア	保湿美容液マスク3枚入り	1,300	1,080	1,404,000
BC2497	スキンケア	無添加化粧水しっとり	800	1,665	1,332,000
BC2653	スキンケア	薬用化粧水	880	1,462	1,286,560
BC2612	スキンケア	薬用乳液とてもしっとり	850	1,485	1,262,250
BC2263	スキンケア	オイルクレンジングしっとり	850	1,372	1,166,200
BC2732	スキンケア	薬用乳液とてもしっとり	960	1,215	1,164,250
BC2667	スキンケア	薬用化粧水さっぱり	880	1,305	1,148,400
BC2585	スキンケア	薬用乳液さっぱり	880	1,305	1,148,400
BC2675	スキンケア	薬用化粧水とてもしっとり	960	1,192	1,132,400
BC2681	スキンケア	薬用乳液	880	1,282	1,128,160
BC2967	スキンケア	保湿美容液マスク10枚入り	750	1,417	1,062,750
BC2265	スキンケア	クリーム洗顔料	800	1,327	1,061,600
BC2253	スキンケア	オイルクレンジングさっぱり	850	1,237	1,051,450
BC2781	スキンケア	シートクレンジング10枚入り	550	1,575	866,250
BC2543	スキンケア	無添加乳液	780	967	754,260
BC2357	スキンケア	無添加化粧水	780	945	737,100
BC2672	スキンケア	薬用化粧水しっとり	900	810	729,000
BC2480	スキンケア	無添加化粧水さっぱり	780	922	719,160
BC2791	スキンケア	シートクレンジング5枚入り	250	2,386	596,250
BC2909	スキンケア	シートクレンジング20枚入り	850	652	554,200
BC2566	スキンケア	無添加乳液さっぱり	780	517	403,260
BC2294	スキンケア	泡の洗顔料	750	517	387,750
BC2965	スキンケア	保湿美容液マスク5枚入り	480	742	356,160
BC2775	スキンケア	シートクレンジング8枚入り	350	900	315,000
BC2922	スキンケア	保湿美容液マスク3枚入り	360	832	299,520

1/4

・2ページ目

商品別売上一覧表（第1四半期）

商品番号	分類	商品名	単価	販売数	売上金額
BC2844	その他	UVエッセンスジェル	2,500	3,127	7,817,500
BC2939	その他	スキンプロテクトクリーム	5,400	1,440	7,776,000
BC3028	その他	デュアルケアクリーム	4,800	1,260	6,048,000
BC2739	その他	UVトーンアップキット	1,980	1,845	3,653,100
BC2960	その他	ボディローション	2,350	922	2,166,700
BC3006	その他	薬用デオドラントシート50枚	1,500	1,440	2,160,000
BC2913	その他	BBクリーム高白プラス	1,800	1,170	2,106,000
BC2930	その他	ボディフレッシュシート10枚	1,450	1,417	2,054,650
BC2592	その他	メンズスキンケアキットA	1,650	1,215	2,004,750
BC2554	その他	日焼け止めクリームSPF50	1,200	1,462	1,754,400
BC2777	その他	サンプロテクトUVミスト	980	1,642	1,609,160
BC2984	その他	ボディローションリッチ	3,350	472	1,581,200
BC2578	その他	日焼け止めクリームSPF100	1,400	1,125	1,575,000
BC2902	その他	デオドラント大判シート30枚	1,200	1,282	1,538,400
BC2863	その他	BBクリーム	800	1,777	1,421,600
BC2304	その他	ハンドアオイル	1,050	1,108	1,323,000
BC2631	その他	メンズスキンケアキットB	1,850	697	1,289,450
BC2218	その他	白いハンドクリーム	560	2,115	1,184,400
BC3009	その他	セラミド薬用スキンミルク	1,580	652	1,030,160
BC2450	その他	薬用ハンドのミルク	1,300	787	1,023,100
BC2943	その他	保湿ハンドミルク	1,850	517	956,450
BC2990	その他	薬用デオドラント10枚	490	1,777	870,730
BC2446	その他	薬用ハンドクリームリッチ	1,200	652	782,400
BC2365	その他	薬用ハンドクリーム	980	787	771,260
BC2827	その他	綿棒子パウダー	1,100	607	667,700
BC2546	その他	消毒ウェットタオル	750	787	590,250
BC2504	その他	デオフレッシュシート4枚	590	877	517,430
BC2486	その他	日焼け止めクリームSPF20	980	450	441,000
BC2426	その他	デオドラント大判シート10枚	560	472	264,320

2/4

・3ページ目

商品別売上一覧表（第1四半期）

商品番号	分類	商品名	単価	販売数	売上金額
BC2331	ネイル	ネイルPK06	580	3,352	1,944,160
BC2232	ネイル	ネイルPK07	580	2,700	1,566,000
BC2716	ネイル	ネイル専用コットン大	1,000	1,327	1,327,000
BC2929	ネイル	ネイル補修エッセンス	950	1,372	1,303,400
BC2707	ネイル	ネイルマッサージエッセンス	980	1,170	1,146,600
BC2521	ネイル	ベースコート	770	1,485	1,143,450
BC2270	ネイル	ネイルBR04	580	1,777	1,030,660
BC2955	ネイル	ネイル用うるおいオイル	500	2,025	1,012,500
BC2919	ネイル	爪用ファンデーションPK	650	1,237	804,050
BC2269	ネイル	ネイルBR03	580	1,350	783,000
BC2876	ネイル	ミネ ネイルGR2	580	1,237	717,460
BC2284	ネイル	ラメネイルBL1	580	1,215	704,700
BC2215	ネイル	ネイルPK05	580	1,170	678,600
BC2578	ネイル	ネイルリムーバー	480	1,327	636,960
BC2703	ネイル	ネイルリムーバーマイルド	650	742	482,300
BC2776	ネイル	ミネネイルWH3	580	787	456,460
BC2527	ネイル	トップコート	770	562	432,740
BC2492	ネイル	ラメネイルGL4	580	697	404,260
BC2244	ネイル	ネイルBR02	580	652	378,160
BC2726	ネイル	ネイル専用コットン小	800	472	377,600
BC2212	ネイル	ネイルPK04	580	472	273,760
BC2901	ネイル	爪用ファンデーションBE	650	405	263,250

3/4

・4ページ目

商品別売上一覧表（第1四半期）

商品番号	分類	商品名	単価	販売数	売上金額
BC2456	メイク	チーク&シャドウ RS2	1,100	3,172	3,489,200
BC2328	メイク	エッセンスルージュ RS04	990	2,430	2,405,700
BC2459	メイク	チーク&シャドウ RS3	1,100	1,822	2,004,200
BC2760	メイク	マスカラ下地	800	2,295	1,836,000
BC2791	メイク	アイミネイーム BR	990	1,732	1,714,680
BC2869	メイク	ルースパウダー WH	1,350	1,192	1,609,200
BC2288	メイク	エッセンスルージュ BR01	990	1,372	1,358,280
BC2381	メイク	リップ美容液	750	1,777	1,332,750
BC2757	メイク	ウォータープルーフマスカラ	1,000	1,327	1,327,000
BC2390	メイク	チーク&シャドウ BR1	1,100	1,192	1,311,200
BC2889	メイク	ルースパウダー PK	1,350	877	1,183,950
BC2364	メイク	リップグロス RDC4	680	1,687	1,147,160
BC2795	メイク	アイライナー GY	990	1,147	1,135,530
BC2406	メイク	チーク&シャドウ BR3	1,100	1,012	1,113,200
BC2876	メイク	リップグロス OR13	680	1,620	1,101,600
BC2438	メイク	チーク&シャドウ BR9	1,100	990	1,089,000
BC2778	メイク	チーク&シャドウ OR8	1,100	967	1,063,700
BC2297	メイク	エッセンスルージュ BR05	990	1,012	1,001,880
BC2332	メイク	リップグロス RS10	680	1,372	932,960
BC2733	メイク	チーク&シャドウ OR5	1,100	810	891,000
BC2912	メイク	エッセンスルージュ RS02	990	855	846,450
BC2318	メイク	エッセンスルージュ RS03	990	810	801,900
BC2810	メイク	アイブロウペンシル EK	780	967	754,260
BC2747	メイク	スタイリングマスカラ	980	765	749,700
BC2820	メイク	アイブロウペンシル BR2	780	945	737,100
BC2767	メイク	アイライナー BK	990	742	734,580
BC2839	メイク	アイブロウペンシル OL	780	742	578,760
BC2818	メイク	アイブロウペンシル BR1	780	427	333,060

4/4

課題 03 レベル ★★

あなたは、あるシステム開発会社の制作部に所属し、プロジェクトの工程管理を担当しています。

上司から「明日の会議資料用に『プロジェクト工程管理表』を帳票として出力して欲しい」とメモを渡されました。

メモを基に、「4章課題_03.xlsx」の「プロジェクト工程管理表」のデータに対して適切な印刷設定を行い、上書き保存しなさい。

上司のメモ

- 「日数」を数式「完了日－開始日+1」で計算する。計算の結果、日数が2日以下の場合は、自動的にセルの文字が赤色、太字で表示されるように設定する。
- 用紙のサイズはB4、横向きに印刷する。
- タイトルの「プロジェクト工程管理表」（セルA1）から表のデータの末尾（セルBM18）までを印刷範囲として設定する。
- 月ごとにページを分ける。
- 表のタイトルと「作業内容」から「日数」までの項目を、すべてのページに表示する。

解答例 印刷に必要な設定を行う③

考え方

この課題では、「プロジェクト工程管理表」の印刷設定を行います。まず、数式を入力して各工程の日数を求めます。次に、条件付き書式を設定して、日数が2日以下の場合、文字の書式を自動で変更して目立たせます。月ごとに改ページを設定してから、印刷範囲や印刷タイトルなどのページ設定を行います。

操作手順

❶「日数」（セルD5）を選択します。

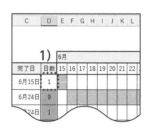

1) 数式「=C5-B5+1」を入力し、18行目までオートフィル操作でコピーします。

2) ［オートフィルオプション］ボタンをクリックします。

3) ［書式なしコピー（フィル）］を選択します。

※オートフィルの結果、セルD6:D18に設定しておいた罫線の書式が変更されますが、［書式なしコピー（フィル）］を選択すると、書式が元に戻ります。

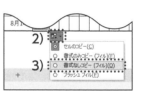

❷「日数」のセルD5:D18を選択し、［ホーム］－［条件付き書式］－［新しいルール］をクリックします。

1) ［新しい書式ルール］ダイアログボックスで、ルールの種類に［指定の値を含むセルだけを書式設定］を選択します。

2) ルール内容の編集欄で［セルの値］［次の値以下］を選択し、右の欄に「2」と入力します。

3) ［書式］ボタンをクリックします。

❸ ［セルの書式設定］ダイアログボック
　スの［フォント］タブを開きます。

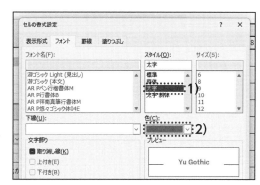

　1）［スタイル］に「太字」を選択し
　　　ます。
　2）［色］に赤系統の色を選択します。
　　　［OK］ボタンを順にクリックし、2
　　　つのダイアログボックスを閉じます。

　※条件付き書式が設定され、セルD5:D18のう
　　ち、値が2以下であるセルの文字が、赤系統の
　　太字で表示されます。

❹月が変わる列の手前に改ページ
　を挿入します。

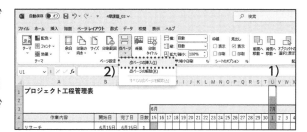

　1）U列を選択します。
　2）さらに、［ページレイアウト］
　　　－［改ページ］－［改ページ
　　　の挿入］をクリックします。

　※7月の手前（T列とU列の境界）に改
　　ページが挿入されます。

❺AZ列を選択し、F4キー（またはCtrl＋Y）を押します。

　※F4キー（またはCtrl＋Y）を押すと、直前の操作が繰り返され、8月の手前に改ページが追加されます。

❻［ページレイアウト］タブにある［ページ設定］グループ右の 🢒 をクリックしま
　す。［ページ設定］ダイアログボックスの［ページ］タブで、［印刷の向き］に「横」
　を選択し、［用紙サイズ］に「B4」を選択します。

❼［シート］タブを開きます。

　1）［印刷範囲］ボックスをク
　　　リックし、セルA1:BM18
　　　を選択します。

　※セルA1をクリックして、Shiftキーを押した状態でセルBM18をクリックすると、広範囲のセルを簡単
　　に選択できます。

　2）［印刷タイトル］の［タイトル列］ボックスをクリックします。
　3）A列からD列までを選択します。

❽［ページ設定］ダイアログボックスで［印刷プレビュー］ボタンをクリックし、設
　定した内容を確認します。

175

〈完成図〉

・1ページ目

プロジェクト工程管理表

作業内容	開始日	完了日	日数	6月
リサーチ	6月15日	6月15日	1	15〜30
利害関係者への折衝	6月16日	6月24日	9	
レビュー	6月24日	6月24日	1	
契約書の提案	6月27日	6月30日	4	
関連書類準備	6月27日	7月1日	5	
入札日〜落札日	7月2日	7月3日	2	
デザイン調査	7月4日	7月5日	2	
アプリの準備	7月6日	7月7日	2	
開発作業	7月4日	7月24日	21	
テスト	7月18日	8月12日	26	
問題対応	8月6日	8月6日	1	
レビュー	8月8日	8月12日	5	
修正・最終確認	8月13日	8月13日	1	
納品	8月14日	8月14日	1	

・2ページ目

プロジェクト工程管理表

作業内容	開始日	完了日	日数	7月
リサーチ	6月15日	6月15日	1	1〜31
利害関係者への折衝	6月16日	6月24日	9	
レビュー	6月24日	6月24日	1	
契約書の提案	6月27日	6月30日	4	
関連書類準備	6月27日	7月1日	5	
入札日〜落札日	7月2日	7月3日	2	
デザイン調査	7月4日	7月5日	2	
アプリの準備	7月6日	7月7日	2	
開発作業	7月4日	7月24日	21	
テスト	7月18日	8月12日	26	
問題対応	8月6日	8月6日	1	
レビュー	8月8日	8月12日	5	
修正・最終確認	8月13日	8月13日	1	
納品	8月14日	8月14日	1	

・3ページ目

プロジェクト工程管理表

作業内容	開始日	完了日	日数	8月
リサーチ	6月15日	6月15日	1	1〜14
利害関係者への折衝	6月16日	6月24日	9	
レビュー	6月24日	6月24日	1	
契約書の提案	6月27日	6月30日	4	
関連書類準備	6月27日	7月1日	5	
入札日〜落札日	7月2日	7月3日	2	
デザイン調査	7月4日	7月5日	2	
アプリの準備	7月6日	7月7日	2	
開発作業	7月4日	7月24日	21	
テスト	7月18日	8月12日	26	
問題対応	8月6日	8月6日	1	
レビュー	8月8日	8月12日	5	
修正・最終確認	8月13日	8月13日	1	
納品	8月14日	8月14日	1	

第 **5** 章

予測・分析問題

5-1 予測・分析のための データの整理方法

ここでは、データの予測や分析をスムーズに行うための表作りのポイントを解説します。

1 表の見出しは階層構造がわかるようにレイアウトする レベル ★★

分析や試算に使う表は、数式を多用して利益、経費、売上金額などを求めることが多いものです。これらの表では、項目の先頭位置をずらして見出しを階層構造にしておくと、計算式を設定するときに、内訳の項目とそうでないものとの区別がつきやすくなります。

なお、見出しの先頭を字下げするには、「インデント」機能を利用して、[ホーム] - [インデントを増やす] ボタンで設定します。セルにスペースを入力して見出しの先頭位置を調整するのは避けましょう。

図表5-1-1 見出しを階層構造にした試算表の例

	A	B	C	D
1	ランチメニュー　売上試算表			
2	販売価格	1,250	円	
3	製造数量	140	個	
4	廃棄率	8%		
5	廃棄数量	11	個	
6	販売数量	129	個	
7	売上金額	161,250	円	
8	原価率	25%		
9	製造原価	43,750	円	
10	粗利益	117,500	円	
11				

内訳の項目は、インデントで字下げすると構造がわかりやすい。

2 数式のセル参照や構造を確認する　レベル ★★

　Excelには、「ゴールシーク（第5章第2節1項参照）」や「データテーブル（第5章第2節2項参照)」といった試算の機能が用意されています。そもそも表に数式が正しく入力されていなければ、十分に活用できません。数式の入力は正しく行い、入力後はセル参照などに誤りがないかどうかを確認しましょう。

　なお、数式の構造を効率よく確認するには、「ワークシート分析（第5章第2節4項参照)」機能が役立ちます。セルの参照関係を矢印で表せたり、シート内の数式を一時的にセルに表示できたりするため、確認作業をスムーズに進められます。

図表5-1-2 ワークシート分析で数式を表示した例

	A	B	C
1	ランチメニュー　売上試算表		
2	販売価格	1250	円
3	製造数量	140	個
4	廃棄率	0.08	
5	廃棄数量	=INT(B3*B4)	個
6	販売数量	=B3-B5	個
7	売上金額	=B2*B6	円
8	原価率	0.25	
9	製造原価	=INT(B2*B8*B3)	円
10	粗利益	=B7-B9	円
11			

数式の内容を一時的に
セルに表示できる。

3 表を加工して使い回す　レベル ★★★

　予測や分析のために作成した表は、数字を変えて別の試算を行うさいに、コピーしたり、欄を追加したりして、使い回す機会が多いものです。既存の表をどう加工すればよいか、変更前の表を残しておく必要があるかなどを適切に判断できると、予測や試算の効率が上がります。なお、表のレイアウトを変更した場合は、数式の確認や修正も忘れずに行いましょう。

　以上のような点を踏まえて適切に表を整えてから、データ予測や分析の操作に取り掛かりましょう。

5-2 予測・分析のためのヒント

ここでは、予測や分析の作成をスムーズに行うために、知っておきたいポイントを解説します。

1 ゴールシーク

(1) ゴールシークの機能

　ゴールシークは、数式に設定したセル参照を基にして、計算結果からセルに入力する数値を逆算する機能です。

(2) ゴールシークの使用方法

　図表5-2-1の「ランチメニュー売上試算表」では、色を付けたセル（B5、B6、B7、B9、B10）に、数式が入力されています。数式内では、セルを参照して「売上金額」や「粗利益」などの結果を求めているため、参照しているセルの数値が変われば、計算結果も変化します。ゴールシークでは、この参照関係を利用して、「『粗利益』を14万円にするには、『販売価格』をいくらに設定すればよいか」といった試算を行うことができます。

図表5-2-1 ゴールシークの例

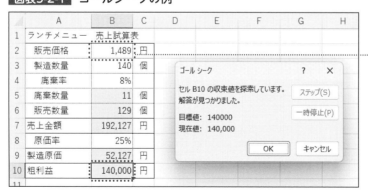

「粗利益」を14万にするために必要な「販売価格」を逆算する。

手順

● 「ゴールシーク.xlsx」を使って操作を確認できます。

❶試算に使う数式が入力されたセル（ここではB10）を選択して、［データ］－［What-If分析］－［ゴールシーク］をクリックします。

❷［ゴールシーク］ダイアログボックスの［数式入力セル］に、選択したセルB10が指定されます。［目標値］に、計算結果の数値を「140000」と入力します。［変化させるセル］には、逆算したい数値が入力されたセル（ここではB2）を指定して、［OK］ボタンをクリックします。

	A	B	C
1	ランチメニュー	売上試算表	
2	販売価格	1,250	円
3	製造数量	140	個
4	廃棄率	8%	
5	廃棄数量	11	個
6	販売数量	129	個
7	売上金額	161,250	円
8	原価率	25%	
9	製造原価	43,750	円
10	粗利益	117,500	円
11			

ゴールシーク

数式入力セル(E): B10
目標値(V): 140000
変化させるセル(C): $B$2

[OK] [キャンセル]

※［ゴールシーク］ダイアログボックスを開いた後、［数式入力セル］を指定することもできます。
※［変化させるセル］には、数値が入力されたセルを指定します。数式が入力されたセル（ここではグレーのセル）を指定することはできません。

❸［ゴールシーク］ダイアログボックスに「解答が見つかりました」と表示され、セルB2に「粗利益」が14万円になるときの「販売価格」が一時的に表示されます。

※セルB2には表示形式が設定されているため、金額は「1,489」と整数で表示されますが、格納された値は「1489.3565…」という小数です。したがって、「粗利益」を14万円にするには、「販売価格」を「1,490円」以上にする必要がある点に注意しましょう。

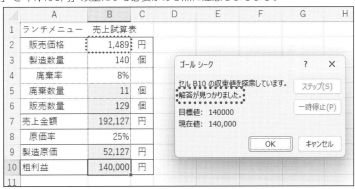

2 データテーブル

レベル ★★★

(1) データテーブルの機能

データテーブルは、数式で参照しているセルに、複数の値を入力したときの計算結果を比較するときに利用します。

(2) データテーブルの使用方法

たとえば、**図表5-2-2**の「ランチメニュー売上試算表」で、「販売価格」を1,300円、1,350円、1,400円に変更したり、「原価率」を20%、22%、25%に変更したりして「粗利益」を試算する場合を考えてみましょう。「販売価格」のセルB2や、「原価率」のセルB8に数値を個別に入力すれば、それぞれの粗利益を確認できますが、すべての条件の粗利益を同時に比較することはできません。

データテーブルでは、**図表5-2-2**の「販売価格と原価率による粗利益のシミュレーション」のように、縦軸と横軸の見出しに「販売価格」と「原価率」を配置して、条件の組み合わせと計算結果を、クロス集計表で一覧できます。数式に含まれる2つの項目の組み合わせによって生じる計算結果を、並べて比較し、検討する場合に役立ちます。

なお、データテーブルでは、試算対象となる数値（ここでは「粗利益」）を算出する数式をデータテーブルの左上端のセル（ここではF3）に設定する必要があります。

「粗利益」を求める数式は、すでに「ランチメニュー売上試算表」のセルB10に入力されているため、セルB10への参照式を指定します。

図表5-2-2 データテーブルの例

❶粗利益のセルB10を数式で参照させる。

❷データテーブルを実行すると、粗利益が一覧表に求められる。

(手順)

● 「データテーブル.xlsx」を使って操作を確認できます。

❶セルF3に数式「=B10」を入力します。

※「粗利益」を求める数式が入力されているセルB10への参照式を入力しておきます。参照式を入れておかないと、データテーブルが機能しません。

❷セルF3:I6を選択して、[データ] - [What-If分析] - [データテーブル] をクリックします。

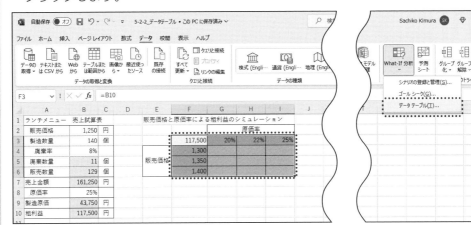

❸ [データテーブル] ダイアログボックスの [行の代入セル] にセルB8を指定し、[列の代入セル] にセルB2を指定して、[OK] ボタンをクリックします。

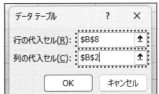

※ [行の代入セル] には、行方向の見出しの項目（ここでは「原価率」）の数値が入力されたセルを指定します。[列の代入セル] には、列方向の見出しの項目（ここでは「販売価格」）の数値が入力されたセルを指定します。

※ [行の代入セル] や [列の代入セル] に指定できるのは、元の試算表で数値が入力されたセルです。数式が入力されたセル（ここでは色を付けたセル）を指定することはできません。

❹データテーブルが実行され、セルB4:I6に粗利益が求められます。

	A	B	C	D	E	F	G	H	I
1	ランチメニュー	売上試算表				販売価格と原価率による粗利益のシミュレーション			
2	販売価格	1,250	円				原価率		
3	製造数量	140	個			117,500	20%	22%	25%
4	廃棄率	8%				1,300	131,300	127,660	122,200
5	廃棄数量	11	個		販売価格	1,350	136,350	132,570	126,900
6	販売数量	129	個			1,400	141,400	137,480	131,600
7	売上金額	161,250	円						
8	原価率	25%							
9	製造原価	43,750	円						
10	粗利益	117,500	円						

※ 「元に戻す」機能でデータテーブルの実行結果をキャンセルすることはできません。

（参考）単入力テーブルの利用

　値を変更したい項目が1つだけの場合は、**図表5-2-3**のような1列または1行のデータテーブルを作成して、試算結果をよりシンプルに表示できます。このようなデータテーブルを「単入力テーブル」といいます。

　単入力テーブルでは、粗利益を求めたセルB10への参照式を、試算結果が表示されるセルの先頭（**図表5-2-3**「●原価率」表左・「●販売価格」表上のセル）に入力しておきます。

図表5-2-3 単入力テーブルの例

	A	B	C	D	E	F	G	H
1	ランチメニュー	売上試算表						
2	販売価格	1,250	円		●原価率			
3	製造数量	140	個			20%	22%	25%
4	廃棄率	8%			117,500	126,250	122,750	117,500
5	廃棄数量	11	個					
6	販売数量	129	個		●販売価格			
7	売上金額	161,250	円			117,500		
8	原価率	25%			1,300	122,200		
9	製造原価	43,750	円		1,350	126,900		
10	粗利益	117,500	円		1,400	131,600		
11								

………… 1行の単入力テーブル

………… 1列の単入力テーブル

手順

　●「データテーブル.xlsx」を使って操作を確認できます。
　※ここでは「●原価率」の単入力テーブルを作成する手順で説明します。

❶セルE4に数式「=B10」を入力します。

　※「●販売価格」の場合は、セルF7に数式「=B10」を入力します。

❷セルE3:H4を選択し、［データ］－［What-If分析］－［データテーブル］をクリックします。［データテーブル］ダイアログボックスの［行の代入セル］

にセルB8を指定します。[列の代入セル]は空欄のまま、[OK]ボタンをクリックします。

※1行の単入力テーブルでは、[行の代入セル]だけを指定し、1列の単入力テーブルでは、[列の代入セル]だけを指定します。「●販売価格」の場合は、セルE7:F10を選択し、[データテーブル]ダイアログボックスを開き、[列の代入セル]にセルB2を指定し、[OK]ボタンをクリックします。

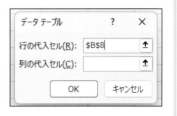

3 予測シート　　レベル ★★★

(1) 予測シートの機能

予測シートは、日付と数値データが入力された2列のセル範囲を指定し、既存のデータを基に将来の値の予測を行う機能です。

(2) 予測シートの使用方法

図表5-2-4では、過去1年間の各月の売上データを基に予測シートを作成し、3か月先までの売上額を予想しています。

予測シートには、将来の予測売上額を求めたテーブルが作成され、テーブルのC〜E列に予測値が表示されます。さらに、同じ内容が折れ線グラフで表示されます。グラフの破線で囲まれた部分の中央にある太線が予測値です。この例では、将来の売上金額はほぼ横ばいであると予想されます。

図表5-2-4 予測シートの例

❶既存のデータから予想される将来の売上金額を表示する。

❷売上予想（❶）が折れ線グラフで表示される。

● 「予測シート.xlsx」を使って操作を確認できます。

❶ セルB3:C14をドラッグし、[データ] － [予測シート] をクリックします。

※ [予測ワークシートの作成] ダイアログボックスが開き、選択したセル範囲のデータから予測される売上の動向が、折れ線グラフで表示されます。

1) 右上の2つのアイコンをクリックすると、グラフの種類を縦棒や折れ線に切り替えて表示できます。

2) [予測終了] ボックスで予測の終了日を選択できます。

❷ [作成] をクリックします。

※予測結果を表すシートが追加され、テーブルと折れ線グラフが表示されます。
※折れ線グラフは、通常のグラフのように移動やサイズ変更ができます。

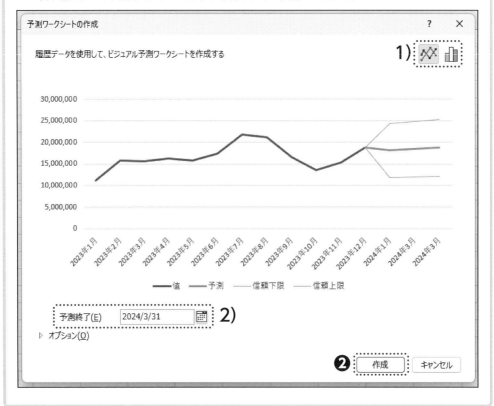

(3) 予測シートのオプション設定

[予測ワークシートの作成] ダイアログボックスで [オプション] をクリックすると、予測についての詳細な設定項目の表示・非表示を切り替えることができます。

図表5-2-5 ［オプション］の設定項目

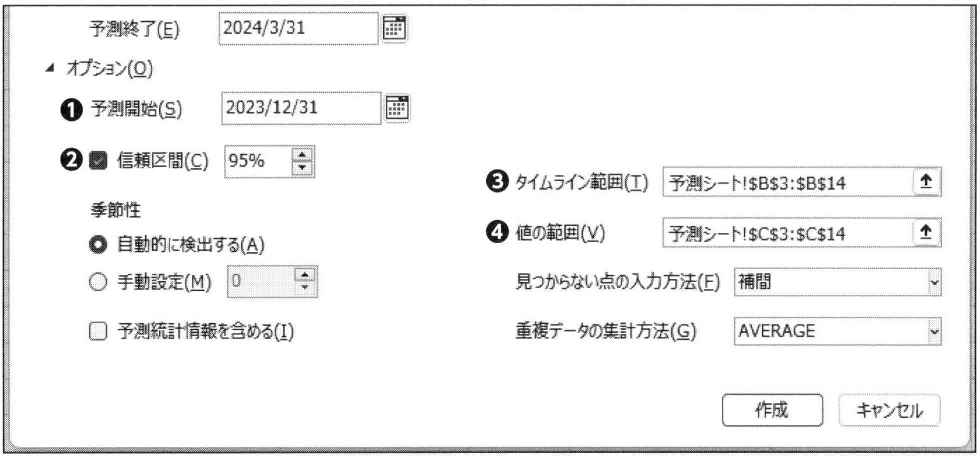

予測終了(E)	2024/3/31	📅

◢ オプション(O)

❶ 予測開始(S)　2023/12/31　📅

❷ ☑ 信頼区間(C)　95% ⬍

季節性
　◉ 自動的に検出する(A)
　○ 手動設定(M)　0 ⬍
　☐ 予測統計情報を含める(I)

❸ タイムライン範囲(T)　予測シート!$B$3:$B$14　⬆

❹ 値の範囲(V)　予測シート!$C$3:$C$14　⬆

　見つからない点の入力方法(E)　補間

　重複データの集計方法(G)　AVERAGE

［作成］　［キャンセル］

❶予測開始：初期設定では、既存のデータの最終日から予測が開始されます。

❷信頼区間：初期設定では、予想結果の95%が含まれると想定される範囲であり、予測の精度を把握できます。初期設定からの変更も可能です。指定した信頼区間にしたがって、予測シートのテーブルと折れ線グラフに予測値の下限と上限が表示されます。上限と下限の幅が狭いほど信頼性が高いことを示します。

❸タイムライン範囲：予測の基になる日付のセル範囲です。

❹値の範囲：予測の基になる数値のセル範囲です。

4 ワークシート分析・クイック分析ツール　レベル ★★★

(1) ワークシート分析の機能

　ワークシート分析は、数式の構造を効率よく確認するのに役立つ機能です。

　［数式］タブの［ワークシート分析］グループにあるボタンを使うと、数式内のセル参照を矢印で示したり、数式を一時的にセル内に表示する画面モードに切り替えたりすることができます。

● 「ワークシート分析.xlsx」を使って内容を確認できます。

　図表5-2-6では、セルB10を選択し、［数式］－［参照元のトレース］をクリックしています。

図表5-2-6　ワークシート分析の主な内容

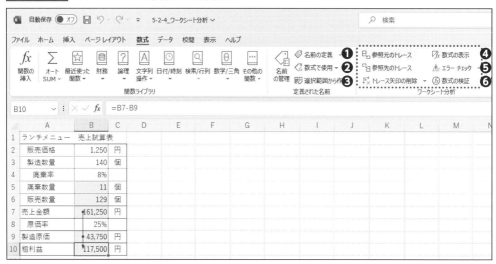

機能名（ボタン名）	内容
❶参照元のトレース	アクティブセルの数式内で参照しているセルからの矢印を表示する。
❷参照先のトレース	アクティブセルを参照している数式のセルに矢印を表示する。
❸トレース矢印の削除	表示されたトレース矢印を削除する。
❹数式の表示	ONにすると、アクティブシート内の数式が入力されたすべてのセルに、数式の内容を表示する。
❺エラーチェック	エラー値が表示されたセルに対して、エラー内容の情報を表示する。
❻数式の検証	数式が入力されたセルに対して、数式のネストやセル参照を一段階ずつ画面で確認する。

(2) クイック分析ツールの機能

　複数のセルを範囲選択すると、選択範囲の右下に自動で表示されるボタンを［クイック分析］ボタンとよびます。［クイック分析］ボタンをクリックし、「書式設定」「グ

ラフ」などの項目にマウスポインターを合わせると、選択したセルの内容を基に、データをその場で視覚化したり、集計などの簡易な分析をすばやく行うことができます。この一連の機能をクイック分析ツールとよびます。

● 「クイック分析.xlsx」を使って内容を確認できます。

図表5-2-7では、セルB3:D6を選択し、[クイック分析] ボタンをクリックしています。

図表5-2-7 クイック分析の主な内容

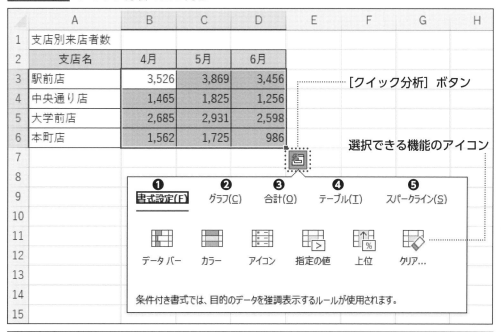

タブ項目	内容
❶書式設定	選択範囲に条件付き書式を設定できる。
❷グラフ	選択範囲を基にグラフを作成できる。
❸合計	選択範囲の合計・平均などを集計できる。
❹テーブル	選択範囲をテーブルに変換したり、ピボットテーブルを作成したりできる。
❺スパークライン	選択範囲の数値からスパークライン（簡易グラフ）を作成できる。

❶～❺のタブをクリックし、表示されるアイコンにマウスポインターを合わせると、その機能が設定された様子がシートに表示され、適用結果を確認できます。機能を利用する場合は、アイコンをそのままクリックします。機能を利用しない場合は、クイック分析ツールの枠の外をクリックします。

5-3 予測・分析問題課題

あなたは、総務部で社内の備品管理を担当しています。現在利用しているコピー機を買い替えることになり、購入候補である2つの製品の減価償却費を試算して、どちらを購入するかを検討します。

「01_実習用」フォルダー内のファイルを利用して、設問1～2を解答しなさい。

解答は「01_実習用」フォルダー内の「5章課題_01.xlsx」の解答欄に入力し、上書き保存しなさい。

なお、解答欄への入力は、すべて直接入力で行い、数値は半角で入力するものとする。

データ構成

・「減価償却.xlsx」…製品A、製品Bの減価償却費の試算を行う
　「試算1」シート…購入候補である2製品の減価償却費の試算を行う

減価償却費試算表

	製品A	製品B	
購入価格	345,000	297,000	円
残存価格			円
耐用年数			年
期	1	1	年目
月	12	12	ヶ月
減価償却費			円

「試算2」シート…値引き後の価格で購入する場合の減価償却費の試算を行う。

減価償却費試算表（値引き後）

	製品A	製品B	
購入価格(値引き後)			円
残存価格			円
耐用年数			年
期	1	1	年目
月	12	12	ヶ月
減価償却費			円

● **設問1**

購入候補である製品Aと製品Bの初年度の減価償却費の試算を行う。「減価償却.xlsx」の「試算1」シートの「減価償却費試算表」を利用して以下の設定を行い、製品A、製品Bの初年度減価償却費を求めなさい。

なお、減価償却費は小数点以下を切り捨てて、整数の値を求めること。

また、指示のない内容については、試算表の数値をそのまま利用すること。

・購入価格は、製品Aが345,000円、製品Bが297,000円とする。

・法定耐用年数は5年とする。

・残存価格は取得時の価格の10%とする。

・減価償却費の算出にはDB関数を用いる。以下の書式を参考にすること。

　=DB（取得価額,残存価額,耐用年数,期,月）

● **設問2**

販売店との交渉の結果、製品Aは15%、製品Bは10%の値引きをしたうえで、どちらかの製品を8台購入することとなった。「試算2」シートの「減価償却費試算表（値引き後）」を利用して以下の設定を行い、値引き後の購入価格で計算した初年度の減価償却費について、製品Aと製品Bの8台分の差額を求めなさい。

なお、減価償却費は小数点以下を切り捨てて、整数の値を求めること。

また、必要に応じて試算表を加工し、指示のない内容については、試算表の数値をそのまま利用すること。

・値引き前の購入価格、法定耐用年数、残存価格、減価償却費の算出に使用する計算式は設問1と同じとする。

● 設問1 解答例 減価償却費の試算を行う

考え方

　この課題では、コピー機の購入候補「製品A」と「製品B」の減価償却費の試算を行い、購入する製品の判断に役立てます。設問1では、「減価償却費試算表」に両製品の初年度の減価償却費を求めましょう。ここでは、指示の内容を参考に、DB関数を利用して減価償却費を求めます。出題された関数を知らなくても、指示文や表の項目を参考にして引数を正しく指定できれば、結果を求められます。

　まず、指示内容の中で試算表に反映されていない項目を確認し、「残存価格」（セルC4）と「耐用年数」（セルC5）に、数式や数値を入力します。そして、セルC8にDB関数の式を入力して、製品Aの減価償却費を求めます。入力した数式をD列にコピーすれば、同様に製品Bの初年度減価償却費を求められます。

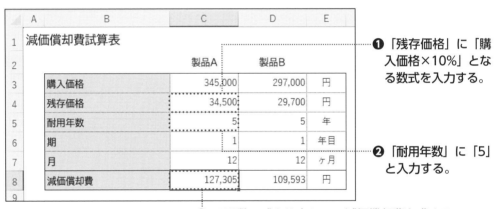

	A	B	C	D	E
1	減価償却費試算表				
2			製品A	製品B	
3	購入価格		345,000	297,000	円
4	残存価格		34,500	29,700	円
5	耐用年数		5	5	年
6	期		1	1	年目
7	月		12	12	ヶ月
8	減価償却費		127,305	109,593	円
9					

❶「残存価格」に「購入価格×10%」となる数式を入力する。

❷「耐用年数」に「5」と入力する。

❸DB関数の式を入力して、減価償却費を求める。

操作手順

❶「減価償却費試算表」のセルC4に数式「=C3*0.1」を入力し、D列にコピーします。

※製品Aと製品Bの残存価格として、購入価格の10%の金額が表示されます。

❷セルC5に「5」と入力し、D列にコピーします。

※製品Aと製品Bの耐用年数が「5」と表示されます。

	A	B	C	D	E
1	減価償却費試算表				
2			製品A	製品B	
3	購入価格		345,000	297,000	円
4	残存価格		34,500	29,700	円
5	耐用年数		5	5	年
6	期		1	1	年目
7	月		12	12	ヶ月
8	減価償却費				円
9					

❸セルC8に数式「=INT（DB（C3,C4,C5,C6,C7））」を入力し、D列にコピーします。

※製品Aと製品Bの減価償却費が求められます。なお、引数「期」に指定したセルC6に「1」と入力され
　ているため、関数の戻り値は「第1期」、つまり、初年度の減価償却費になります。
※小数点以下を切り捨て、整数で結果を求めるため、INT関数を使用します。

	A	B	C	D	E
1	減価償却費試算表				
2			製品A	製品B	
3	購入価格		345,000	297,000	円
4	残存価格		34,500	29,700	円
5	耐用年数		5	5	年
6	期		1	1	年目
7	月		12	12	ヶ月
8	減価償却費		127,305	109,593	円
9					

❹求められた製品A、製品Bの減価償却費を、解答欄に転記します。

● 設問2　　解答例　減価償却費の差額を計算する

考え方

　設問2では、製品Aまたは製品Bのいずれかを値引き後の価格で8台購入した場合の
初年度の減価償却費を求め、差額を計算します。

　試算を行う「試算2」シートの「減価償却費試算表（値引き後）」は、「試算1」シ
ートの「減価償却費試算表」と行・列の数や項目の並び順が統一されています。値引
き前の購入価格など数値や数式も設問1と同じであるため、「減価償却費試算表」の
数値や数式を「減価償却費試算表（値引き後）」にコピーして流用します。コピー後
に、購入価格を値引き後の金額に変更すれば、数式が再計算され、減価償却費が自動

で求められます。

　最後に、空いたセルに計算式を入力し、製品Aと製品Bを値引き後の価格で8台購入した場合の減価償却費の差額を求めます。

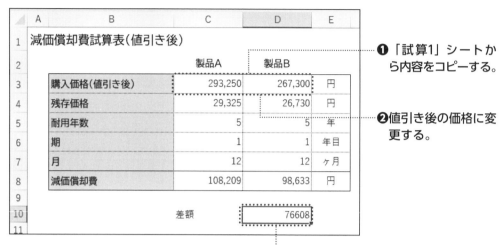

	製品A	製品B	
購入価格(値引き後)	293,250	267,300	円
残存価格	29,325	26,730	円
耐用年数	5	5	年
期	1	1	年目
月	12	12	ヶ月
減価償却費	108,209	98,633	円
差額		76608	

減価償却費試算表(値引き後)

❶「試算1」シートから内容をコピーする。

❷値引き後の価格に変更する。

❸数式を入力し、8台購入時の減価償却費の差額を求める。

操作手順

❶設問1で完成させた表をコピーします。「試算1」シートのセルC3:D8を選択し、「コピー」を実行し、「試算2」シートのセルC3を先頭に貼り付けを行います。

※「減価償却費試算表」の数値や数式が「減価償却費試算表（値引き後）」にコピーされます。

減価償却費試算表(値引き後)

	製品A	製品B	
購入価格(値引き後)	345,000	297,000	円
残存価格	34,500	29,700	円
耐用年数	5	5	年
期	1	1	年目
月	12	12	ヶ月
減価償却費	127,305	109,593	円

❷「購入価格」を値引き後の金額に変更します。「試算2」シートのセルC3に「=345,000*0.85」と入力し、セルD3に「=297000*0.9」と入力します。セルを選択し、元の購入価格を残したまま数式バーで掛け算の数式部分を追加すると、数値の間違いがありません。

※コピーした数式が再計算され、セルC8、セルD8に値引き価格で購入した場合の減価償却費が求められます。

	A	B	C	D	E
1	減価償却費試算表（値引き後）				
2			製品A	製品B	
3		購入価格(値引き後)	293,250	267,300	円
4		残存価格	29,325	26,730	円
5		耐用年数	5	5	年
6		期	1	1	年目
7		月	12	12	ヶ月
8		減価償却費	108,209	98,633	円
9					

❸空いているセル（ここではD10）に、差額を求める数式「=(C8-D8)*8」を入力します。

※製品Aと製品Bを8台購入した場合の初年度減価償却費の差額が求められます。

	A	B	C	D	E
1	減価償却費試算表（値引き後）				
2			製品A	製品B	
3		購入価格(値引き後)	293,250	267,300	円
4		残存価格	29,325	26,730	円
5		耐用年数	5	5	年
6		期	1	1	年目
7		月	12	12	ヶ月
8		減価償却費	108,209	98,633	円
9					
10		差額		76608	
11					

❹求められた差額を、解答欄に転記します。

あなたは、化学メーカーの営業推進部に所属しています。自社の主力商品について、今後の売上動向を予測して、販売計画の改善に役立てます。

「02_実習用」フォルダー内のファイルを利用して、設問1～2を解答しなさい。

解答は「02_実習用」フォルダー内の「5章課題_02.xlsx」の解答欄に入力し、上書き保存しなさい。

なお、解答欄への入力は、すべて直接入力で行い、数値は半角で入力するものとする。

データ構成
・「売上集計.xlsx」
　「集計」シート…対象となる商品の売上を集計する

　月別売上集計

　　　　　　　　（万円）

年月	売上金額

● **設問1**

自社の主力商品について、今後の売上を予測する。

2022年10月から2023年12月までの売上データを基に、以下の設定により予測シート機能を使用して、2024年7月1日時点で予想される売上金額を求めなさい。

なお、指示のない内容については、予測シート機能の設定をそのまま利用すること。

・「売上集計.xlsx」の「月別売上集計」表から予測シートを作成する。
・信頼区間は90%とする。
・予測期間は、2023年12月31日から2024年7月1日までとする。

● **設問2**

金額に誤りがあったため、以下のとおり、予測シート内で売上金額を訂正する。訂正前と訂正後のシートを比較したとき、売上金額の予測値の伸びと、信頼区間の上限と下限の差はどのように変わるか。それぞれの説明として適切なものを解答欄のプルダウンリストから選びなさい。

年月	売上の増減額（万円）
2023年1月	−82,680
2023年3月	56,230
2023年8月	45,680
2023年10月	88,630

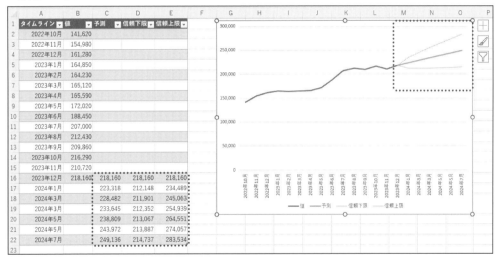

課題 **02** **解 説** 考え方と操作手順

● **設問1** **解答例** 商品の売上推移を予測する

考え方

　この課題では、「予測シート」機能を使って、商品の今後の売上推移を予測します。設問1では、「月別売上集計」表に入力された売上履歴を基に、指定した条件を満たす予測シートを作成し、2024年7月時点での予想売上額を求めます。

　予測シートには、指定した期間の売上を表す折れ線グラフとともに、履歴データと予測値をまとめたテーブルが追加され、Excelの予測内容を確認できます。

・作成した予測シート

❶テーブルの値から、予想売上額を確認できる。

❷今後の売上動向を予測したグラフが表示される。

操作手順

❶セルB4:C18をドラッグし、[データ] − [予測シート] をクリックします。

　※ [予測ワークシートの作成] ダイアログボックスが開き、選択したセル範囲のデータから予測される売上の動向が、折れ線グラフで表示されます。

❷予測内容の条件を変更するため、［オプション］をクリックします。

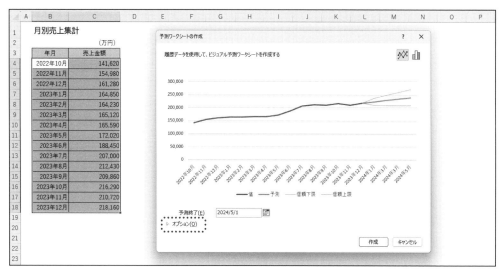

❸［予測終了］ボックスに「2024/
7/1」と指定し、［予測開始］ボッ
クスに「2023/12/31」と指定し
ます。

※予測期間が変更されます。ボックス右の
アイコンをクリックし、表示されるカレ
ンダーで日付を選択してもよいです。

❹［信頼区間］チェックボックスを
ONにし、「90%」と指定し、［作
成］ボタンをクリックします。

※予測結果を表すシートが追加され、テー
ブルと折れ線グラフが表示されます。

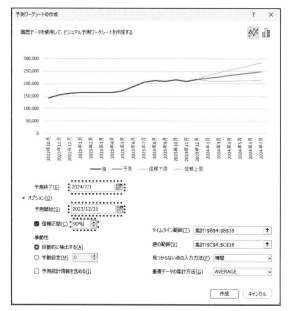

❺グラフをテーブルの右側に移動し、サイズを下に拡張しておきます。

※グラフの高さを広げておくと、設問2で折れ線グラフの細部を確認しやすくなります。

❻2024年7月1日時点の予想売上金額を、セルC22で確認しし、解答欄に転記します。

※C列に表示された予測値の中から、A列のタイムラインが「2024年7月」の値を探します。

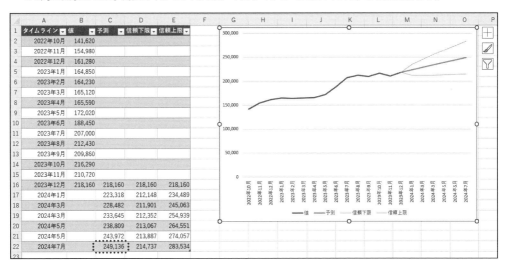

● 設問2　| 解答例 | 数値を訂正して変化を比較する

💡 考え方

　設問2では、予測の基になっている数値を訂正して、予測シートの折れ線グラフがどのように変わるかについて解答します。

　予測シートの折れ線グラフは、テーブルの数値がデータ範囲になっています。このため、指示の内容に沿ってテーブルの金額を変更すると、グラフの内容も連動して変わります。なお、変更前のグラフと比較する必要があるため、設問1の予測シートを直接編集するのは避けましょう。シートをコピーしてから内容を書き換える点に注意が必要です。

・訂正後の予測シート

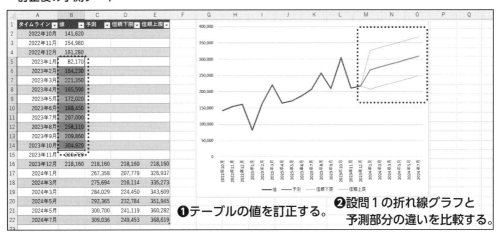

❶テーブルの値を訂正する。　❷設問1の折れ線グラフと予測部分の違いを比較する。

❶設問1で作成した予測シートのシートをコピーしておきます。

※コピーした予測シートのシート名を変更しておくと、確認がしやすくなります。ここでは「訂正後」というシート名に変更しています。

❷「訂正後」シートで、訂正の対象となる「タイムライン」と「値」のセル（ここではA5:B14）をコピーし、空いたセル（ここではA24:B33）に貼り付けをします。訂正したい金額の右のセルに、増減額を入力します。

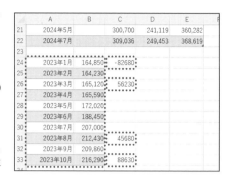

※「2023年1月」の金額の右に「-82680」と入力し、「2023年3月」の右に「56230」と入力します。「2023年8月」の右に「45680」と入力し、「2023年10月」の右に「88630」と入力します。

❸増減額を入力したセルの右の列に「元の金額＋増減額」となる数式を入力します。ここではセルD24に「=B24+C24」と入力し、セルD33までコピーしておきます。

※セルD24:D33に増減額を加算した金額が求められます。

❹「元の金額＋増減額」となる数式を入力したセル（ここではD24:D33）をコピーし、テーブル内の元の金額のセル（ここではB5:B14）に値貼り付けをします。

※折れ線グラフに変更が反映されるため、設問1の予測シートのグラフと比較します。

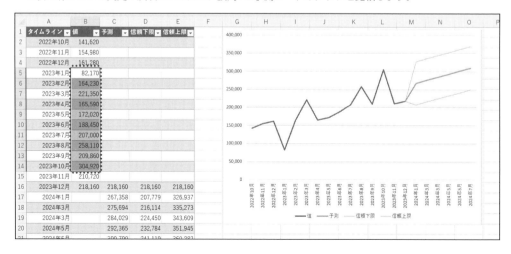

❺解答欄のプルダウンリストから、解答を選択します。

課題 03　　　　　　　　　　　　　　　　　　　　　　　　　レベル ★★★

あなたは、県内に複数店舗を持つ飲食店チェーンで、店舗管理を担当しています。新店舗の出店に必要な資金を銀行から借り入れることになり、借入金額や返済額についての試算を行います。

「03_実習用」フォルダー内のファイルを利用して、設問1～2を解答しなさい。

解答は「03_実習用」フォルダー内の「5章課題_03.xlsx」の解答欄に入力し、上書き保存しなさい。

なお、解答欄への入力は、すべて直接入力で行い、数値は半角で入力するものとする。

データ構成

・「借入試算.xlsx」
　「試算」シート…銀行での資金借り入れの試算を行う

　資金借入計画

　　　　　　　　　　　※借入金額はマイナスで入力

毎月返済額	223,716円
借入金額	-12,000,000円
年利	4.5%
返済期間	5年

● 設問1

出店資金の借り入れについて、借入金額を1,200万円として銀行に相談したところ、「試算」シートの「資金借入計画」表の試算プランを提案された。この条件で借り入れを行った場合の、返済額の総額を求めなさい。

なお、結果は小数点以下を切り捨てて、整数で求めること。

● 設問2

新店舗の内装工事について社内で検討した結果、借入金額を1,500万円に増額することとなった。設問1の試算プランを基に、借入金額を1,500万円に変更して借り入れを行った場合の、毎月返済額の差額を求めなさい。

なお、必要に応じて試算表を加工し、指示のない内容については、試算表の数値をそのまま利用し、結果は小数点以下を切り捨てて、整数で求めること。

● **設問1** 解答例 金額を試算する

💡 **考え方**

　この課題では、銀行から新店舗の出店資金を借りるさいの借入金額や返済額について試算します。設問1では、借入金額を1,200万円とした場合の返済額の総額を求めます。

　ローンでの返済額の総額は、毎回の返済額に返済期間を掛け算すれば求められるため、「資金借入計画」表の「毎月返済額」と「返済期間」を利用して数式で計算しましょう。

　なお、「毎月返済額」の単位は「月」ですが、「返済期間」の単位は「年」であるため、単位を「月」に揃えて計算する点に注意が必要です。

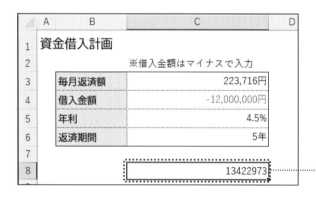

「毎月返済額×返済期間×12」となる数式で返済総額を求める。

👆 **操作手順**

❶空いたセル（ここではC8）に数式「=INT（C3*C6*12）」を入力し、求めた値を解答欄に転記します。

※結果の小数点以下を切り捨て、整数で求めるため、INT関数を使用します。
※※年数で入力された「返済期間」を月数で表すため、12を掛け算します。

●設問2　**解答例** 借入を増やした場合の返済額を試算する

🔍考え方

設問2では、「借入金額」を1,500万円に増額した場合の「毎月返済額」を求め、「借入金額」が1,200万円である場合の「毎月返済額」との差額を求めます。2通りの「毎月返済額」を比較するため、設問1の「資金借入計画」表をコピーして、2つ目の試算表を用意してから、借入を増やした場合の返済額を試算しましょう。

なお、「資金借入計画」表の「借入金額」（セルC4）の値は、PV関数で求めています。設問2のように、数式の計算結果を指定して、数式内で参照しているセルの数値を逆算するには「ゴールシーク」機能を使います。ここでは、「借入金額」が1,500万円になるときの「毎月返済額」をゴールシークで求めてから、「借入金額」が1,200万円の試算表の「毎月返済額」との差額を数式で計算します。

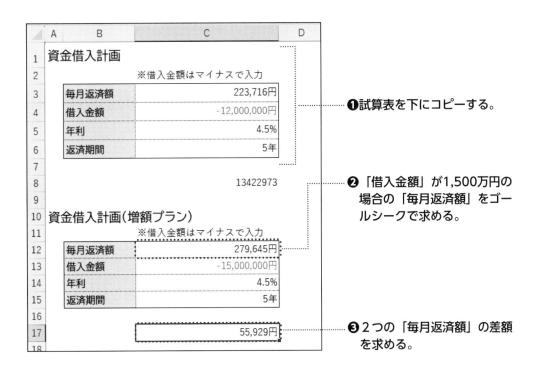

❶試算表を下にコピーする。

❷「借入金額」が1,500万円の場合の「毎月返済額」をゴールシークで求める。

❸2つの「毎月返済額」の差額を求める。

✎memo

　PV関数は、ローンでの借入金額を求める関数です。書式は以下を参考にしてください。

　=PV(利率, 期間, 定期支払額, 将来価値, 支払期日)

❶ 「資金借入計画」表のセル（ここではA1:C6）を選択し、「コピー」を実行し、セルA10を先頭に貼り付けをします。

※ここでは、区別をしやすくするため、貼り付けた表のタイトルを「資金借入計画（増額プラン）」に変更しています。

❷ 「資金借入計画（増額プラン）」表の「借入金額」のセルC13を選択し、［データ］－［What-If分析］－［ゴールシーク］をクリックします。

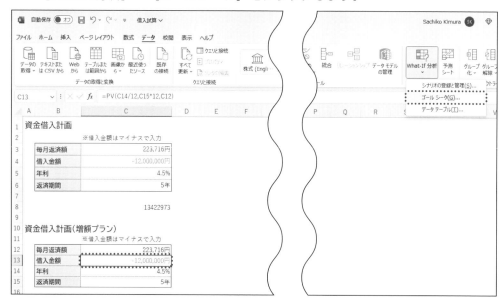

❸ ［ゴールシーク］ダイアログボックスの［数式入力セル］に「C13」と指定されていることを確認します。［目標値］に「-15000000」と入力し、［変化させるセル］にセルC12を指定し、［OK］ボタンをクリックします。

※ ［数式入力セル］には借入金額を求める関数式が入力されたセルC13を指定し、［目標値］には1500万をマイナスで指定します。［変化させるセル］には毎月返済額のセルC12を指定します。

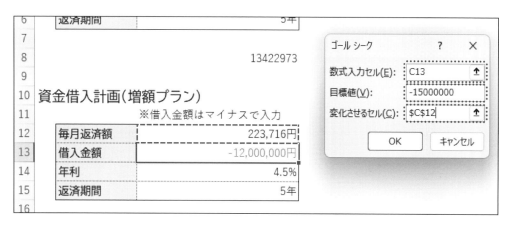

❹ゴールシークが実行され、セルC12に、「借入金額」が1,500万円になるときの「毎月返済額」が一時的に表示されます。[ゴールシーク] ダイアログボックスの [OK] ボタンをクリックします。

※ゴールシークで試算された結果が「資金借入計画（増額プラン）」表のセルに格納されます。

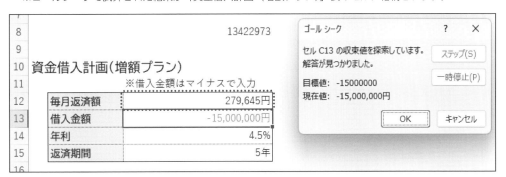

❺毎月返済額の差額を求めます。空いたセル（ここではC17）に数式「=INT（C12-C3）」を入力し、求めた差額を解答欄に転記します。

※結果の小数点以下を切り捨てて整数で求めるため、INT関数を使用します。
※2つの毎月返済額の差額がセルC17に表示されます。

	A	B	C
1	資金借入計画		
2			※借入金額はマイナスで入力
3	毎月返済額		223,716円
4	借入金額		-12,000,000円
5	年利		4.5%
6	返済期間		5年
7			
8			13422973
9			
10	資金借入計画（増額プラン）		
11			※借入金額はマイナスで入力
12	毎月返済額		279,645円
13	借入金額		-15,000,000円
14	年利		4.5%
15	返済期間		5年
16			
17			55,929円
18			

あなたは、全国に店舗を展開するカフェチェーンの営業推進部に所属しています。既存の店舗Aの収益改善のため、客単価と回転数についての試算を行います。

「04_実習用」フォルダー内のファイルを利用して、設問1を解答しなさい。

解答は「04_実習用」フォルダー内の「5章課題_04.xlsx」の解答欄に入力し、上書き保存しなさい。

なお、解答欄への入力は、すべて直接入力で行い、数値は半角で入力するものとする。

データ構成

・「収支試算.xlsx」
　「試算」シート…店舗Aの客単価と回転数の試算を行う

店舗A1か月の収支

売上		7,644,000	円
	客単価	700	円
	席数	30	席
	1席の回転数	20	回/日
	満席率	0.65	
	営業日数	28	日
経費		4,695,000	円
固定費	家賃	180,000	円
	水道光熱費	120,000	円
	広告宣伝費	45,000	円
	販売促進費	65,000	円
	減価償却費	80,000	円
変動費	人件費	992,000	円
	材料費	1,911,000	円
利益		2,949,000	円

試算表

		客単価（円）			
		800	900	1,000	1,100
回転数（回）	16				
	17				
	18				
	19				

● 設問1

店舗Aの収支は「試算」シートの「店舗A1か月の収支」表のとおりである。営業推進部では、客単価を上げて回転数を下げることによって、店内でゆったり過ごしてもらいつつ、高い収益を得られる店舗にしたいと考えている。

「試算表」を利用して、客単価と回転数に対する利益額のシミュレーションを行う。

1か月の利益額を350万円以上とすると、客単価を最も低く設定した場合に、必要となる最小の回転数および得られる利益額を求めなさい。

課題 04 解説 考え方と操作手順

●設問1 解答例 客単価と回転数の組み合わせを試算する

💡 **考え方**

　この課題では、1か月の利益額が350万円以上となる場合の「客単価」と「1席の回転数」の組み合わせを試算します。そして、「客単価」を最も低く設定した場合に必要となる最小の「回転数」と「利益」を求めます。

　操作の前に、2つの表の役割を頭に入れておきましょう。「店舗A 1か月の収支」は、売上と経費を基に1か月の利益額を求める表です。「試算表」は、その利益額が「客単価」と「回転数」の値を変えるとどう変化するのか、「データテーブル」機能を使って試算するための表になります。

　データテーブルを実行すると、縦軸の「回転数」と横軸の「客単価」に指定した数値を当てはめて、「利益」が自動で計算されます。「試算表」に表示された結果を基に、設問の内容を解答しましょう。

　なお、「試算表」に「条件付き書式」を設定して、350万以上のセルに色を付けておくと、「利益額が350万円以上」という条件を満たすセルが一目で判別できます。解答にかかる時間を短縮し、目視による見落としのミスを減らすことにもつながります。

❶データテーブルで「利益」を試算する。

A B C	D	E		G	H	I	J	K	L
1 店舗A1か月の収支				試算表					
2 売上	7,644,000	円				客単価（円）			
3 　客単価	700	円			2,949,000	800	900	1,000	1,100
4 　席数	30	席			16	2,457,600	3,112,800	3,768,000	4,423,200
5 　1席の回転数	20	回/日		回転数	17	2,785,200	3,481,350	4,177,500	4,873,650
6 　満席率	0.65			（回）	18	3,112,800	3,849,900	4,587,000	5,324,100
7 　営業日数	28	日			19	3,440,400	4,218,450	4,996,500	5,774,550
8 経費	4,695,000	円							
9 固定費 家賃	180,000	円							
10 　水道光熱費	120,000	円							
11 　広告宣伝費	45,000	円							
12 　販売促進費	65,000	円							
13 　減価償却費	80,000	円							
14 変動費 人件費	992,000	円							
15 　材料費	1,911,000	円							
16 利益	2,949,000	円							
17									

❷条件付き書式で「350万以上」のセルに色を付ける。

❸色を付けたセルの中から、「最低額の客単価・最小の回転数」に当てはまる「利益」のセルを探す。

❶セルH3に数式「=D16」を入力します。

※「利益」を求める数式が入力されたセルD16を参照する式を入力します。

❷セルH3:L7を選択し、[データ] － [What-If分析] － [データテーブル] をクリックします。

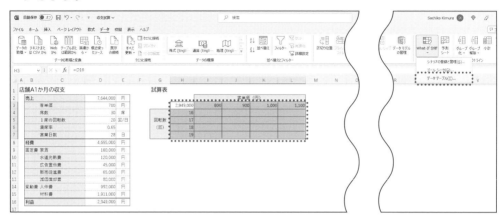

❸[データテーブル] ダイアログボックスの [行の代入セル] にセルD3を指定し、[列の代入セル] にセルD5を指定し、[OK] ボタンをクリックします。

※[行の代入セル] には「客単価」が入力されたセルD3を指定し、[列の代入セル] には「1席の回転数」が入力されたセルD5を指定します。

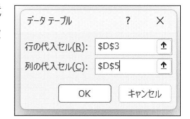

❹データテーブルの結果、表示された利益額のセルに条件付き書式を設定します。セルI4:L7を選択し、[ホーム] － [条件付き書式] － [新しいルール] をクリックします。

※利益額が350万円以上のセルに任意の塗りつぶしの色を設定するルールを指定します。

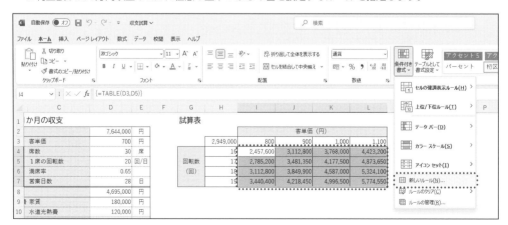

❺ ［新しい書式ルール］ダイアログボックスにあるルールの種類の選択欄で［指定の値を含むセルだけを書式設定］を選択し、ルールの内容の編集欄で［セルの値］［次の値以上］を選択し、右の欄に「3500000」と入力します。［書式］ボタンをクリックし、［セルの書式設定］ダイアログボックスの［塗りつぶし］タブで任意の色を選択します。［OK］ボタンを2回クリックし、ダイアログボックスを順に閉じます。

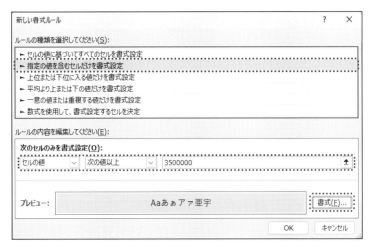

❻条件付き書式が設定され、利益額が350万円以上のセルに塗りつぶしの色が表示されます。塗りつぶしの色が表示されたセルの中で、最も低い客単価である「900円」のJ列を探し、見つかったセルJ6とJ7のうち、回転数が小さいJ6が、求める利益額となります。解答欄に解答を転記します。

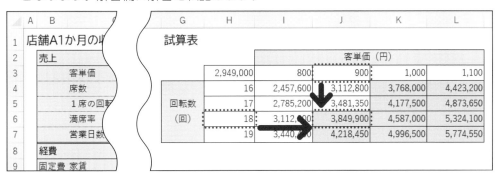

第 6 章

時短のための機能

6-1 ショートカットキー

ここでは、効率よく操作を行うために知っておきたいショートカットキーについて解説します。

1 セルの選択・移動のショートカットキー　　レベル ★★

　セルの選択や移動は、Excelで最も頻繁に行う操作です。セル範囲の選択を効率的に行ったり、アクティブセルやアクティブシートをすばやく移動したりするためには、ショートカットキーを利用しましょう。

　セルを操作するさいは、マウスでのドラッグを最小限にして、できるだけキー操作で行うように習慣づけると、時短につながります。

図表6-1-1　セル範囲の選択

※「+」はキーを押したままにする状態を指します。

内容・機能	操作手順
離れたセル範囲の選択	❶1つ目のセル範囲をドラッグ（単独のセルの場合はクリック） ❷Ctrlキー＋2つ目以降のセル範囲をドラッグ（クリック）
広いセル範囲の選択	❶左上端のセルをクリック ❷Shiftキー＋右下端のセルをクリック
表全体の選択（※1）	❶表内の任意のセルをクリック ❷Ctrlキー＋Shiftキー＋：（け）キー
表の特定の行の選択（※2）	❶行の左端のセルをクリック ❷Ctrlキー＋Shiftキー＋→キー
表の特定の列の選択（※3）	❶列の上端のセルをクリック ❷Ctrlキー＋Shiftキー＋↓キー

（※1）空の行・空の列で区切られていないデータベース形式の表などが対象です。
（※2）表内に空のセルを含まないことが前提です。
（※3）表内に空のセルを含まないことが前提です。

図表6-1-2　アクティブセルやアクティブシートの移動

※「+」はキーを押したままにする状態を指します。

内容・機能	操作
A1セル（ホームポジション）に移動	Ctrlキー＋Homeキー
データや書式が存在する範囲の末尾に移動	Ctrlキー＋Endキー
表内の任意のセルから同じ行の左端または右端に移動	Ctrlキー＋←キーまたは→キー
表内の任意のセルから同じ列の上端または下端に移動	Ctrlキー＋↑キーまたは↓キー
右隣（1つ先）のシートに移動	Ctrlキー＋PageDownキー
左隣（1つ前）のシートに移動	Ctrlキー＋PageUpキー

2　Excel機能のショートカットキー　レベル ★★

　頻繁に利用するExcelの機能は、リボンのタブからボタンを選択するよりも、ショートカットキーを使うほうが作業の効率が上がります。

　ここでは、利用頻度の高い機能のショートカットキーを紹介します。

図表6-1-3　ファイルの操作

※「+」はキーを押したままにする状態を指します。

内容・機能	操作
ファイルの新規作成	Ctrlキー＋Nキー
ファイルを開く	Ctrlキー＋Oキー
名前を付けて保存	F12キー
上書き保存	Ctrlキー＋Sキー
印刷画面（印刷プレビュー）を開く	Ctrlキー＋PキーまたはCtrlキー＋F2キー
アクティブなExcelウィンドウを閉じる（Excelは終了しない）	Ctrlキー＋Wキー
Excel（アプリケーション）の終了（※）	Alt＋F4

（※）起動しているアプリケーションがない場合は、Windowsのシャットダウン画面が表示されます。

図表6-1-4 Excelの操作

※「＋」はキーを押したままにする状態を指します。

内容・機能	操作
元に戻す	Ctrlキー＋Zキー
コピー	Ctrlキー＋Cキー
切り取り	Ctrlキー＋Xキー
貼り付け	Ctrlキー＋Vキー
［形式を選択して貼り付け］ダイアログボックスを表示	Ctrlキー＋Altキー＋Vキー
直前の操作を繰り返す	F4キーまたはCtrlキー＋Yキー
［検索と置換］ダイアログボックスの［検索］タブを開く	Ctrlキー＋Fキー
［検索と置換］ダイアログボックスの［置換］タブを開く	Ctrlキー＋Hキー
「セルの書式設定」ダイアログボックスを表示	Ctrlキー＋1キー（テンキーの「1」は不可）
数値に桁区切りスタイルを設定	Ctrlキー＋Shiftキー＋1キー（テンキーの「1」は不可）
数値にパーセントスタイルを設定	Ctrlキー＋Shiftキー＋5キー

6-2 ステータスバーの活用

ここでは、ステータスバーを使って集計値を確認する方法について解説します。

1 オートカルクの利用　　　　　レベル ★

　オートカルクは、複数のセルを選択すると、セルに入力された数値の集計結果がステータスバーに表示される機能です。オートカルクを利用すると、数式を入力しなくても、特定のセルの合計や平均などをその場で確認できます。

　また、オートカルクで表示された集計結果をクリックすると、クリップボードに集計結果がコピーされるので、任意のセルに結果の値を貼り付けることも可能です。ただし、セルの選択を解除すると集計値の表示が消えるため、集計結果を残しておきたい場合は、数式を利用する必要があります。

● 「オートカルク.xlsx」を使って内容を確認できます。

　図表6-2-1では、セルB3:B6を選択して、オートカルクの集計値を確認しています。

図表6-2-1　オートカルクの例

	A	B	C	D	E	F	G	H
1	支店別来店者数							
2	支店名	4月	5月	6月				
3	駅前店	3,526	3,869	3,456				
4	中央通り店	1,465	1,825	1,256				
5	大学前店	2,685	2,931	2,598				
6	本町店	1,562	1,725	986				
7								
8								
9								
10								
11								

＜　＞　オートカルク　　＋

準備完了　　　平均: 2,310　データの個数: 4　合計: 9,238

✎ memo

　オートカルクで、ステータスバーに表示される集計の種類を変更できます。ステータスバーで右クリックし、表示されたリストで、「平均」から「合計」までの集計の種類の中から、項目をクリックしてチェックをONにすると、その集計値がオートカルクで表示されます。

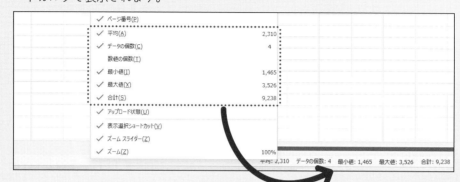

第 **7** 章

Excelビジネススキル検定
模擬問題を解答してみよう

スタンダード模擬問題

あなたは、ある子供向け英語学習教材セット販売会社の営業部に所属しています。

上司から「営業部全体の年間の教材セットの販売状況を集計してほしい」と業務を依頼されました。

「問題1」フォルダー内の「販売実績一覧.xlsx」を使用して、設問1〜3を解答しなさい。

販売実績一覧.xlsxの構成

・「年間集計」シート…上半期と下半期の販売実績を集計する

社員番号	氏名	所属	年間目標	販売数	販売実績	目標との差異	目標達成率

・「上半期」シート…上半期の販売実績一覧

社員番号	氏名	所属	上半期目標	販売数	販売実績

・「下半期」シート…下半期の販売実績一覧

社員番号	氏名	所属	下半期目標	販売数	販売実績

解答は「問題1」フォルダー内の「ST解答_01.xlsx」の解答欄に入力し、上書き保存しなさい。

なお、解答欄への入力は、すべて半角数字での直接入力で行うものとする。

●設問1

「年間集計」シートの「年間　販売実績リスト」に、「上半期」シートと「下半期」シートの販売実績リストから社員の年間の販売実績を集計してまとめ、営業1課の販売数の合計と営業2課の販売数の合計を求めなさい。

なお、「上半期販売実績リスト」、「下半期販売実績リスト」のデータは、社員番号と氏名、所属についてすべて一致している。

● 設問2

設問1でまとめた「年間　販売実績リスト」から、目標との差異が100万円以上のプラスとなっている社員の人数を求めなさい。

なお、目標との差異は以下の式で求めること。

「販売実績」－「年間目標」

● 設問3

設問1でまとめた「年間　販売実績リスト」を基に、社員の目標達成率を確認する。

所属ごとに目標達成率が第1位の社員の社員番号と販売実績を求めなさい。

あなたは、ある学習塾の企画部に所属し、体験授業の実施と入塾者の管理を担当しています。

上司から「会議資料用に体験授業参加者の入塾率の推移のグラフを作成して欲しい」とメモを渡されました。

メモを基に、「ST解答_02.xlsx」の「2022年　体験授業参加者の入塾状況」表のデータを使用して、赤枠内に適切なグラフを作成し、上書き保存しなさい。

なお、グラフ化に必要な数値は各自で求めるものとし、指示にないグラフのデザインや文字の色などについては任意でよいものとする。

上司のメモ

- ・1年間の入塾率の推移がわかる折れ線グラフを作成する。(他のデータは不要)
- ・入塾率は以下の式で求める。なお、百分率で求め、小数点第2位以下を切り捨てること。
  「入塾者合計」÷「体験授業参加者数」× 100
- ・グラフのタイトルは「体験授業参加者入塾率の推移」と表示する。
- ・縦軸の最大値が100となるように表示する。
- ・入塾率が最大の月と最小の月はその数値をデータラベルとして赤字で表示する。

問題 03

あなたは、ある商社の人事部に所属し、社員研修を担当しています。

上司から「明日の会議資料用に、今年のITスキル研修のアンケート結果を帳票として出力して欲しい」とメモを渡されました。

メモを基に、「ST解答_03.xlsx」の「2023年度 ITスキル研修 受講者アンケート」表のデータに対して適切な印刷設定を行い、上書き保存しなさい。

上司のメモ

- ・用紙のサイズはA4、縦向きに印刷する。
- ・タイトルの「2023年度 ITスキル研修 受講者アンケート」（セルB1）から表のデータの末尾（セルJ160）までを印刷範囲として設定する。
- ・氏名と年齢の列は印刷しない。
- ・すべての列が1ページに収まるようにする。
- ・タイトルの「2023年度 ITスキル研修 受講者アンケート」から表の項目名までを、すべてのページに表示する。
- ・受講科目を五十音順に並べ、さらに職種の五十音順、所属の昇順に並ぶように表示して、受講科目ごとにページを分ける。
- ・フッターの右にページ番号と総ページ数を半角スラッシュ（/）で区切った形で表示する。

解答例と解説

問題 01 **解 説**

● 前処理

① 「上半期」シートのデータを社員番号の昇順に並べ替え、「年間集計」シートに値貼り付けをします。

② 「下半期」シートのデータを社員番号の昇順に並べ替え、「下半期目標」、「販売数」、「販売実績」のデータをコピーします。

③ 「年間集計」シートの「年間目標」、「販売数」、「販売実績」に、[形式を選択して貼り付け]ダイアログボックスの[演算]で「加算」を選択して貼り付けます。

● 設問1

① 「年間集計」シートの「所属」の昇順にデータを並べ替えます。

② 営業1課の販売数を範囲選択し、ステータスバーに表示された合計を転記します。同様に、営業2課の販売数を範囲選択し、ステータスバーに表示された合計を転記します。

● 設問2

① 「年間集計」シートの「目標との差異」に、「販売実績−年間目標」の計算式である「=F4-D4」を入力します。

② フィルターを設定し、目標との差異が100万円以上のプラスとなっているデータを抽出します。

③ ステータスバーに表示された抽出データの件数を転記します。

● 設問3

① 「目標達成率」に、「販売実績÷年間目標」の計算式である「=F4/D4」を入力します。

② 目標達成率の降順にデータを並べ替えます。

③ 営業1課の先頭のデータを目視で確認し、「社員番号」と「販売実績」を転記します。同様に、営業2課の先頭データを目視で確認し、「社員番号」と「販売実績」を転記します。

解答例と解説

問題 02　解 説

① 「入塾者合計」をSUM関数を使用して求めます。

② 「入塾率」に、「入塾者合計÷体験授業参加者数×100」の計算式である「=ROUNDDOWN(H5/C5*100,1)」を入力します。

③ 赤枠内に、年間の入塾率の推移を表す折れ線グラフを作成し、位置とサイズを調整します。

④ グラフタイトルを変更します。

⑤ 縦軸の最大値を変更します。

⑥ 入塾率が最大の月を選択し、データラベルを追加します。同様に、入塾率が最小の月を選択し、データラベルを追加し、さらに、フォントの色を「赤」に変更します。

解答例と解説

①「氏名」と「年齢」の列を非表示にするため、列を選択します。選択範囲の任意の
　列番号で右クリックし、ショートカットメニューから［非表示］をクリックします。

②表内のセルをクリックし、さらに、［データ］－［並べ替え］をクリックします。
　上司のメモの指示に従い条件を設定し、［OK］ボタンをクリックします。

③受講科目が切り替わった行を目視で確認し、行番号を選択します。［ページレイア
　ウト］－［改ページ］－［改ページの挿入］をクリックします。

④［ページレイアウト］タブにある［ページ設定］グループ右の🖾をクリックし、
　［ページ］タブで［印刷の向き］を「縦」に設定し、［用紙サイズ］を「A4」に設
　定します。

⑤［拡大縮小印刷］で「次のページ数に合わせて印刷」を選択し、［横］に「1」と
　入力し、［縦］は空欄にします。

⑥［シート］タブの［印刷範囲］ボックスをクリックし、セルB1:J160を選択します。

⑦［タイトル行］ボックスをクリックし、1行目から3行目を選択します。

⑧［ヘッダー/フッター］タブで［フッターの編集］ボタンをクリックします。

⑨［フッター］ダイアログボックスの右側ボックスをクリックし、さらに、［ページ
　番号］ボタンをクリックします。半角の「/」を入力し、［総ページ数］ボタンをク
　リックします。

⑩［ページ設定］ダイアログボックスで［印刷プレビュー］ボタンをクリックし、設
　定した内容を確認します。

7-2 エキスパート模擬問題

問題 01

あなたは、イベント企画会社で企画部に所属しています。先日実施された2つのイベントの来場者に向けて、新たにダイレクトメールを出すことになりました。送付先として提出された2つの来場者リストには、来場者の重複や表の形式に違いがあるため、整理した「DM発送リスト」を作成します。

「問題1」フォルダー内の3つのファイルを使用して、設問1〜4を解答しなさい。

解答は「EX解答_01.xlsx」の解答欄に入力し、上書き保存しなさい。

なお、解答欄への入力は、すべて直接入力で行い、数値は半角で入力するものとする。また、集計を行う前に、下記【解答にあたっての前処理】を行ってから解答を始めること。

【解答にあたっての前処理】

用意されているデータに以下の処理を行う。

・「DM発送リスト.xlsx」の「来場者DM発送リスト」に、「Aイベント来場者リスト.xlsx」の「Aイベント来場者リスト」と「Bイベント来場者リスト.xlsx」の「Bイベント来場者リスト」の内容をコピーし、1つのリストにまとめる。

・「氏名」「フリガナ」の項目が異なるため、「Bイベント来場者リスト.xlsx」の「Bイベント来場者リスト」の項目である「姓」と「名」、「フリガナ（セイ）」と「フリガナ（メイ）」をそれぞれ連結し、「氏名」「フリガナ」にする。なお、「姓」と「名」、「フリガナ（セイ）」と「フリガナ（メイ）」の間に半角の空白を入れること。

データ構成

・「Aイベント来場者.xlsx」… Aイベントの来場者リスト
・「DM発送リスト.xlsx」… A、Bのイベント来場者をまとめた全体のDM発送用リスト

管理NO	氏名	フリガナ	年齢					

			今後参加したい イベント	郵便番号	都道府県	住所1	住所2	電話番号

・「Bイベント来場者.xlsx」… Bイベントの来場者リスト

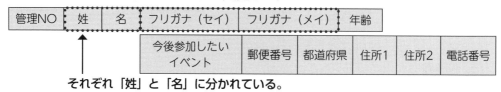

それぞれ「姓」と「名」に分かれている。

設問1

「来場者DM発送リスト」の「今後参加したいイベント」に存在する「、」をすべて半角スラッシュに修正し、修正した件数を求めなさい。

設問2

「来場者DM発送リスト」から「管理NO」を除いたすべての項目の内容が重複する来場者データを削除し、Aイベント来場者リストとBイベント来場者リストを合わせた来場者データの件数を求めなさい。

設問3

「来場者DM発送リスト」を年齢の降順、さらにフリガナの五十音順に並べ替え、最終行の来場者データの「管理NO」と「氏名」を求めなさい。

設問4

今後、音楽とダンスのイベントに参加したいと思っている来場者を抽出する。「来場者DM発送リスト」の「今後参加したいイベント」から「音楽」または「ダンス」と回答している来場者のデータを抽出し、抽出した件数を求めなさい。

問題 02

あなたは、ペット用品メーカーのドッグフード販売部に所属し、商品の管理を担当しています。近年、ペットフード市場では栄養バランスが良く、健康に配慮した商品が多く買われるようになりました。そこで今後の商品開発の参考にするために販売強化商品のABC分析を行い、商品を3つのグループに分けて今後の対応を検討します。

「問題2」フォルダー内のファイルを使用して、設問1〜3を解答しなさい。

解答は「問題2」フォルダー内の「EX解答_02.xlsx」の解答欄に入力し、上書き保存しなさい。

なお、解答欄への入力は、すべて直接入力で行い、数値は半角で入力するものとする。また、グラフ化に必要な数値は各自で求めるものとし、指示にないグラフのデザインや文字の色などについては任意でよいものとする。

さらに、下記【解答にあたっての前処理】を行ってから解答を始めること。

【解答にあたっての前処理】

「EX解答_02.xlsx」の「ABC分析」シートの「販売強化商品売上データ（2022年)」表に、以下を参考に処理を行う。

「売上データ.xlsx」の「販売強化商品売上データ（2022年)」表には、2022年に販売を強化した商品の売上データが抜粋されている。このデータを元にABC分析を行い、売上構成比の大きい順に、商品をA、B、Cの3つのランクに分類して、分類評価に応じた対策を講じたい。

ABC分析は、以下の条件を満たすように行う。

・必要なデータは、「販売強化商品売上データ（2022年)」表から求め、「ABC分析」シートの「販売強化商品売上一覧」表に貼り付けて使用する。

・売上構成比の大きい順に商品を並べ替えてから、構成比の累計を求める。

・売上構成比の累計が50％以下の商品をAランク、50％より大きく90％以下の商品をBランク、90％より大きい商品をCランクに分類する。

　＊各ランクの商品についての評価は、次のとおりとする。

　　Aランク：人気度が高く、特に対策を講じなくても順調に売れている商品

　　Bランク：ある程度の人気はあり、キャンペーン次第で売れる可能性が高い商品

　　Cランク：全く売れていない商品。販売の縮小、撤退を考える。

〈図1〉データ構成

・「売上データ.xlsx」

「商品売上」シート　「販売強化商品売上データ（2022年）」表

…2022年の販売強化商品の売上を抜粋した表

No.	年月	商品分類	商品名	売上金額 （万円）

・「EX解答_02.xlsx」

「ABC分析」シート「販売強化商品売上一覧」表

…2022年の販売強化商品の売上を商品別に集計し、分析する表

商品名	売上高 （万円）	売上構成比	累計売上高 （万円）	売上構成比の 累計	ABC分析

〈図2〉作成するグラフの例

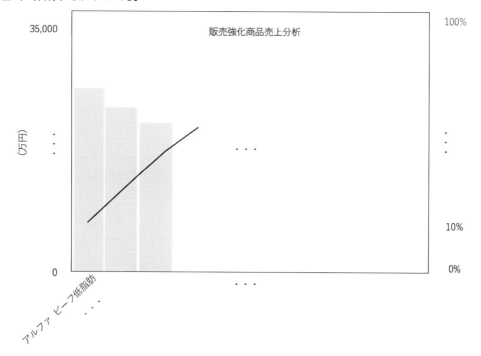

● 設問1

A、B、Cの各ランクに分類される商品の品目数を求めなさい。

● 設問2

AランクおよびBランクの商品は、今後も販売を継続する予定である。販売継続の対象となる商品の売上金額の累計を求めなさい。

● **設問3**

「販売強化商品売上一覧」表からABC分析の結果をグラフ化したパレート図を、「EX解答_02.xlsx」の「ABC分析」シートの赤枠内に作成しなさい。

なお、以下の条件を満たすように作成すること。

・〈図2〉を参考に、パレート図を作成する。

・グラフの作成に必要なデータは、「販売強化商品売上一覧」表から選択して使用する。

・グラフタイトルは「販売強化商品売上分析」とする。

・パレート図の売上高の棒部分について、Bランクの商品を黄色系、Cランクの商品を赤系で色分けして示す。

・左右の縦軸の最大値、最小値、単位は、〈図2〉と同じように設定する。ただし、目盛間隔および文字の方向は問わないものとする。

・横軸には商品名を表示し、文字の方向は問わないものとする。

● **設問4**

ABC分析やパレート図の結果を踏まえて、以下のように、今後の対応を検討したい。次の文章の a 、 b 、 c 内にあてはまる適切な内容について、解答欄のプルダウンリストから選びなさい。

・低脂肪の商品は、犬の健康への意識が高い消費者から一定のニーズがあるため、対応商品について a の引き上げを目指して販売戦略を再考する。

・同じシリーズの商品群が揃ってAランク入りして売上をけん引していることから、Bランクの商品の中でも、同じシリーズの「 b 」が、人気度という点で今後の成長が期待できる。

・売上が低迷している c の商品は、商品のコンセプトが受け入れられておらず、挽回は困難であることから撤退を検討する。

あなたは、精密機器メーカーの販売管理部に所属し、製品の売上分析を担当しています。今年の売上を集計し、主力製品について今後の売上動向を予測します。

「問題3」フォルダー内のファイルを利用して、設問1〜3を解答しなさい。

解答は「問題3」フォルダー内の「EX解答_03.xlsx」の解答欄に入力し、上書き保存しなさい。

なお、特に指示がない場合、解答欄への入力は直接入力で行い、数値は半角で入力するものとする。

データ構成

・「売上集計.xlsx」

「集計」シート…対象となる製品の売上を集計する

製品別売上集計

（単位：千円）

年月	製品A	製品B	製品C

● **設問1**

3つの製品の1年分の売上を集計表にまとめる。

「売上集計.xlsx」の「製品別売上集計」表に、各製品（A、B、C）の2022年の合計売上額および売上増加率を求めなさい。

なお、売上増加率は「（2022年合計－2021年合計）÷2021年合計×100」の計算式で求め、端数を四捨五入して小数第1位まで表すこと。

● **設問2**

現在、最も販売に力を入れている製品Bについて、今後の売上を予測する。

1年間の売上データを基に、以下の設定により予測シート機能を使用し、2023年6月時点で予想される製品Bの売上金額を求めなさい。

なお、指示のない内容については、予測シート機能の設定をそのまま利用し、合計売上額は百円以下を四捨五入して表すこと。

・「売上集計.xlsx」の「製品別売上集計」表から予測シートを作成する。

・信頼区間は90％とする。

・予測期間は、2022年12月31日から2023年6月30日までとする。

●設問3

金額に誤りがあったため、以下のとおり、予測シート内で製品Bの売上金額を訂正する。訂正前と訂正後のシートを比較したとき、売上金額の予測値の伸びと、信頼区間の上限と下限の差はどのように変わるか。それぞれの説明として適切なものを解答欄のプルダウンリストから選びなさい。

年月	売上の増減額（千円）
2022年1月	12,800
2022年3月	28,800
2022年7月	−26,400
2022年8月	53,400

解答例と解説

問題 01　解 説

●前処理

① 「Bイベント来場者リスト」の「管理NO」の右に列を挿入し、「氏名」と入力します。

②表の「氏名」の1行目に、1行目の姓である「五十嵐」、半角スペース、名である「澄香」を入力します。2行目も同様に2行目の姓である「平岡」、半角スペース、名である「由水」を入力します。

③3行目を選択し、[データ] － [フラッシュフィル] をクリックします。

④「フリガナ」も同様に、上記①～③を行い、「DM発送リスト」にそれぞれのデータをコピーします。

●設問1

① 「DM発送リスト」の「今後参加したいイベント」の1行目をクリックし、[検索と置換] ダイアログボックスの [置換] タブで検索する文字列に「、」を入力し、置換後の文字列に「/」を入力します。

② [すべて置換] をクリックし、件数を転記します。

●設問2

①表内を選択し、[データ] － [重複の削除] をクリックします。

② 「先頭行をデータの見出しとして使用する」チェックボックスをONにして、「管理NO」のチェックをはずし、[OK] をクリックし、表示された件数を転記します。

●設問3

①表内を選択し、[データ] － [並べ替え] をクリックします。

② [最優先されるキー] に「年齢」の「降順」を設定します。[レベルの追加] をクリックし、[次に優先されるキー] に「氏名」の「昇順」を設定します。

③最終行のデータの「管理NO」と「氏名」を転記します。

●設問4

①表内を選択し、[データ] － [フィルター] をクリックします。

② 「今後参加したいイベント」の [テキストフィルター] の一覧から [指定の値を含む] をクリックし、[カスタムオートフィルター] に条件を設定します。

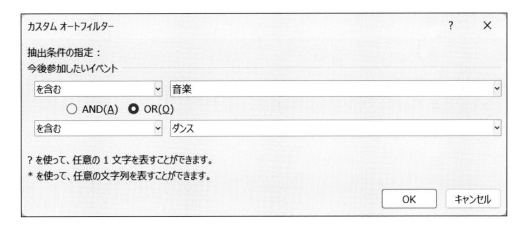

③結果に表示されたデータ件数を転記します。

解答例と解説

問題 02 解 説

● 前処理

①ピボットテーブルを使用して、販売強化商品売上データ（2022年）について商品
　名ごとの売上高を集計し、「ABC分析」シートにコピーします。

②売上高の合計を求め、売上構成比を求めます。

③売上構成比の降順に並べ替え、「累計売上高」と「売上構成比の累計」を求めます。

④IF関数を使い、「売上構成比の累計」の値を「=IF（F4<=0.5,"A",IF（F4<=0.9,"B","C"））」
　でAランク、Bランク、Cランクに分類します。

● 設問1

分類した「ABC分析」列でそれぞれのランクの品目数を目視で確認し、転記します。

● 設問2

「累計売上高」のBランクの最終データの値を転記します。

● 設問3

①商品名と売上高のデータを選択し、ヒストグラムのパレート図を作成します。

②グラフの位置とサイズを調整し、グラフタイトルを変更します。

③グラフの棒部分の塗りつぶしの色について、Bランクの商品を黄色系に、Cランク
　の商品を赤系に変更します。

④条件に従い、左右の軸の最大値、最小値を設定し、左の軸ラベルを追加して単位を
　設定します。

● 設問4

・a：BからAへ

　　低脂肪の商品についての分析です。「うま缶 馬肉低脂肪」がBランクのため、A
　　ランクへの引き上げを目指します。

・b：雑穀ソフトチキン

　　「同じシリーズの商品が揃ってAランク入り」ということから、Bランクの商品の
　　中から選択します。

・c：スマイル漢方

　　「売上が低迷している」商品の中から選択します。

解答例と解説

問題 03　解説

● 設問1

①各製品の「2022年合計」を算出し、転記します。

②計算式「=ROUND((C18-C17)/C17*100,1)」で各製品の「売上増加率」を算出

し、転記します。

※転記は、行列を入れ替えた値で行います。

● 設問2

①「年月」と「製品B」の売上データを選択し、[データ] − [予測シート] をクリ

ックします。

②条件に従い、予測期間と信頼区間を設定し、[作成] をクリックします。

③2023年6月の予測値を百円以下を四捨五入した形で転記します。

※単位：千円で表示されているため、予測シート上では小数点以下四捨五入となります。

● 設問3

①作成した予測シートをコピーし、シート名を「訂正前」「訂正後」などに変更しま

す。

②「訂正後」シートの1月から8月のデータを表の下の空いてるセルにコピーします。

③売上金額の右の列に、条件にある増減額を入力します。

④2列を合計し、合計した値を値貼り付けで上の表に上書きします。

⑤「訂正前」シートと「訂正後」シートのグラフを比較し、解答のプルダウンリスト

より選択します。

・売上金額の予測値の伸び：訂正前よりも大きくなった

「訂正前」と「訂正後」の2023年1月以降の数値を比較すると、訂正前より大き

くなっていることがわかります。

・信頼区間の上限と下限の差：小さくなり予測の精度が高くなった

「訂正前」と「訂正後」のグラフを比較すると、上限と下限の差が小さくなって

いることがわかります。よって、予測の精度が高くなっています。

索　引

●監修者紹介●

サーティファイ ソフトウェア活用能力認定委員会

1996年日本ソフトウェア教育協会として設立。その後、2001年株式会社サーティファイ設立に伴い、2002年より、サーティファイ ソフトウェア活用能力認定委員会へ組織改編（名称変更）。 検定試験の「客観性」「公平性」を担保するため、関連分野の第一線で活躍中の方々からなる認定委員会を組織し、試験の「客観性」と「公平さ」を保ち、社会から信頼される透明度の高い認定試験を提供している。

株式会社サーティファイ

運営方針として、社会のニーズに即した、高品質な検定試験、民間ならではのフレキシビリティときめ細やかなサービスを活かした、信頼ある民間資格認定会社を目指す。
・ビジネス社会が求める人材像及び必要とされる能力・スキルを指標化し、明示。
・受験者が保有する能力や技能レベルを正確に測定し、その到達度を認定。
・労働市場における求職者と仕事（企業）の間のジョブマッチングの精度向上に貢献。

Excel®ビジネススキル検定公式テキスト

2023年11月10日　初版第1刷発行

監　修——サーティファイ ソフトウェア活用能力認定委員会
　　　　　©2023 Certify Software Literacy Qualification Test Committee
発行者——張 士洛
発行所——日本能率協会マネジメントセンター
〒103-6009　東京都中央区日本橋2-7-1　東京日本橋タワー
TEL 03（6362）4339（編集）／03（6362）4558（販売）
FAX 03（3272）8127（編集・販売）
https://www.jmam.co.jp/

執筆協力————日経印刷株式会社
装　丁————織本 光太 ©
本文DTP————株式会社明昌堂
印刷・製本————三松堂株式会社

本書の内容に関するお問い合わせは、2ページにてご案内しております。

ISBN978-4-8005-9148-7 C3055
落丁・乱丁はおとりかえします。
PRINTED IN JAPAN

公式テキスト第5版対応
ビジネス会計検定試験®3級重要ポイント&摸擬問題集

横山　隆志 著
A5判・184頁

本書は公式テキスト「第5版」に対応した受験対策書です。公式テキストの内容を整理し、1項目見開き2ページ読み切りでポイントに絞って解説し、知識の確認のため、章末に演習問題（過去問題）と解答解説を収録しています。精度の高い模擬問題を2回分掲載し、この1冊で十分な試験対策ができる構成になっています。

LPI公式認定
Linux Essentials 合格テキスト&問題集

長原　宏治 著
B5判・256頁＋別冊16頁

Linux Essentials認定試験は、Linuxを基本から学びたいという要望を受け、2012年に英語版、2018年に日本語版がリリースされました。本書はLPI公式認定の対策書籍であり、試験範囲の解説と確認問題を収録し、短期間での習得・試験合格を目指せる教材です。

日本能率協会マネジメントセンター